KB146691

EBS 수학의 백신과 함께 중등수학 완벽대비

수학의 문해력

② 식의 세계

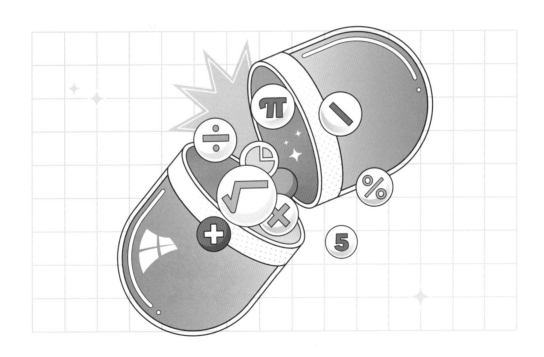

다른

중등수학을 시작할 때
반드시 알아야 하는
초등수학 개념!

"문제를 이해해야(=문해력) 답을 구할 수 있다"

수학의 문해력이란 수학 용어, 즉 수학의 언어를 해독(해석)하는 능력이에요. 《수학의 문해력》 시리즈는 조금 더 쉬운 언어로 수학의 언어를 이해할 수 있도록 도와줍니다. 수학이 어렵다고 느껴진다면 수학의 언어, 수학의 약속을 다시 천천히 학습해 보세요. 점점 수학과 소통이 되기 시작할 거예요.

다른 다른 생각이 다른 세상을 만듭니다   T. 02-3143-6478 | F. 02-3143-6479 | B. blog.naver.com/darun_pub

어렵고 힘든데
수학을 왜 배워야 해요?

가끔 이렇게 묻는 학생들이 있어요. 컴퓨터가 계산을 다 해주는데 수학을 배워서 무엇하느냐고 말이죠. 이런 질문을 하는 이유는 수학을 단순 문제풀이로 생각하기 때문일 거예요. 하지만 단순 계산이나 기계적인 문제풀이는 진정한 수학이 아니에요. 수학은 우리 삶과 일상의 모든 곳에 녹아 있는 정말 중요한 학문이에요.

여러 선진국과 비교해 봐도 우리나라 학생들은 수학 성적이 아주 높아요. 하지만 그런 학생들조차 시간이 지날수록 점점 수학을 어렵다고 느껴요. 문제풀이 스킬만 익히려고 하기 때문에 학년이 오를수록 수학과 멀어지는 것이죠. 유리수를 계산하는데 정작 유리수가 무엇인지 그 뜻을 아는 학생이 거의 없다는 게 오늘날 중고등학생들의 현실이랍니다. 유리수의 정확한 뜻은 모른 채 사칙연산만 연습한 학생들은 학년이 오를수록 수학이 어려울 수밖에 없습니다. 사칙연산만으로 풀 수 없는 문제들이 생기니까요.

결국 학년이 오를수록 수학이 어려워지는 것이 아니라, 수학을 제대로 배우지 못하고 학년만 높아지는 게 문제예요. 그리고 이 모든 문제점을 해결하는 방법이 바로 '수학의 문해력'을 키우는 것이죠.

여러분은 이제 '중등수학을 시작하기 전에 반드시 알아야 할' 수학의 언어를 배울 겁니다. 이 책 《수학의 문해력》 시리즈를 통해서라면 쉽고 재미있을 거예요. 수학 공부가 힘든 학생들에게 이 책이 든든한 힘이 되어 주길 바랍니다.

– 백은아 선생님

1
수학의 기초 체력을 기르는 '문해력'

수학을 이해하는 힘, '문해력'에서 출발해 '문해력'으로 끝납니다. 낯선 문제가 나와도 수학의 문해력이 튼튼하다면 당황하지 않게 될 겁니다. 이를 위해 교과연계에 따른 순차적 구성이 아닌, 개념별로 묶어서 하나하나 그 의미를 알려줍니다.

수학의 문해력 3가지 point

2
'예비중학생'을 위한 확실한 정리

초등수학에서 배우는 개념 가운데 중등수학에서 꼭 필요한 개념만을 쉽고 자세히! 새로운 개념을 배우면 이전에 배운 개념이 헷갈린다? 이 책은 앞서 배운 개념을 반복하며 그 위로 개념을 쌓아 가기 때문에 어느새 완벽히 내 것으로 만들 수 있습니다.

3
문제해결 능력을 키우는 '최적의 예제'

개념을 문제에 적용할 수 있어야 비로소 수학 공부가 완성되겠지요? 개념을 바로 적용하도록 다양한 확인 문제가 함께합니다. 또한 확실한 개념 정립을 위한 해결 과정과 친절한 풀이까지 짜임새 있습니다.

구성과 특징

1 문해력 UP

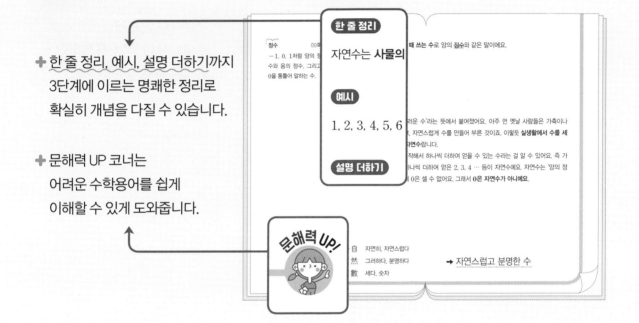

✚ 한 줄 정리, 예시, 설명 더하기까지
3단계에 이르는 명쾌한 정리로
확실히 개념을 다질 수 있습니다.

✚ 문해력 UP 코너는
어려운 수학용어를 쉽게
이해할 수 있게 도와줍니다.

한 줄 정리

자연수는 **사물의**   때 쓰는 수로 양의 정수와 같은 말이에요.

예시

1, 2, 3, 4, 5, 6

설명 더하기

정수   00쪽
─1, 0, 1처럼 양의 정 러운 수'라는 뜻에서 붙여졌어요. 아주 먼 옛날 사람들은 가축이나
수와 음의 정수, 그리고   자연스럽게 수를 만들어 부른 것이죠. 이렇듯 **실생활에서 수를 세**
0을 통틀어 말하는 수.   **자연수**랍니다.
작해서 하나씩 더하여 얻을 수 있는 수라는 걸 알 수 있어요. 즉 가
나씩 더하여 얻은 2, 3, 4 … 등이 자연수예요. 자연수는 '양의 정
0은 셀 수 없어요. 그래서 **0은 자연수가 아니에요.**

自　자연히, 자연스럽다
然　그러하다, 분명하다　　→ 자연스럽고 분명한 수
數　세다, 숫자

2 사고력 UP

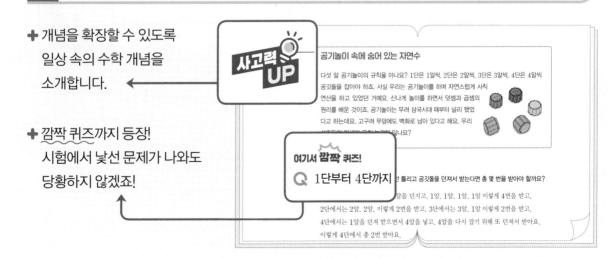

✚ 개념을 확장할 수 있도록
일상 속의 수학 개념을
소개합니다.

✚ 깜짝 퀴즈까지 등장!
시험에서 낯선 문제가 나와도
당황하지 않겠죠!

공기놀이 속에 숨어 있는 자연수

다섯 알 공기놀이의 규칙을 아나요? 1단은 1알씩, 2단은 2알씩, 3단은 3알씩, 4단은 4알씩
공깃돌을 잡아야 하죠. 사실 우리는 공기놀이를 하며 자연스럽게 사칙
연산을 하고 있었던 거예요. 신나게 놀이를 하면서 덧셈과 곱셈의
원리를 배운 거죠. 공기놀이는 무려 삼국시대 때부터 널리 했었
다고 하는데요. 고구려 무덤에도 벽화로 남아 있다고 해요. 우리

여기서 깜짝 퀴즈!

Q 1단부터 4단까지

한 틀리고 공깃돌을 던져서 받는다면 총 몇 번을 받아야 할까요?
알을 던지고, 1알, 1알, 1알, 1알 이렇게 4번을 받고,
2단에서는 2알, 2알, 이렇게 2번을 받고, 3단에서는 3알, 1알 이렇게 2번을 받고,
4단에서는 1알을 던져 받으면서 4알을 넣고, 4알을 다시 잡기 위해 또 던져서 받아요.
이렇게 4단에서 총 2번 받아요.

구성과 특징

3 기억력 UP

부분분수까지 알아보자

단위분수끼리 곱을 하면 분자는 항상 1입니다. 예를 들어서 $\frac{1}{3} \times \frac{1}{4} = \frac{1}{12}$ 입니다.

이를 이용하여 부분분수의 의미를 알아볼게요.

$\frac{1}{12} = \frac{1}{3} - \frac{1}{4}$ 로 나타낼 수 있어요. 그럼 $\frac{1}{12} + \frac{1}{20}$ 의 계산을 해볼까요?

$$\frac{1}{12} + \frac{1}{20} = \frac{1}{3 \times 4} + \frac{1}{4 \times 5} = \left(\frac{1}{3} - \frac{1}{4}\right) + \left(\frac{1}{4} - \frac{1}{5}\right)$$
$$= \frac{1}{3} - \frac{1}{5} = \frac{2}{15}$$

이 식을 잘 알아두세요.

$$\frac{1}{A \times (A+1)} = \frac{1}{A} - \frac{1}{A+1}$$

고대 이집트인들이 사용한 단위분수

고대 이집트인들은 분수들 자연스러 다이브스러 유한 차수로 나타내서 쓰이 개

부분분수

: 어떤 분수의 분모를 n이라 할 때, 이 분수를 분모가 n의 약수인 분수들의 합이나 차로

공식 쏙쏙

$$\frac{1}{A \times (A+1)}$$
$$= \frac{1}{A} - \frac{1}{A+1}$$

➕ 헷갈리기 쉬운 개념,
주의해야 할 풀이, 꼭 알아야
공식은 쏙쏙 짚어줍니다.

4 백쌤의 마법

➕ 오랜 시간 현장에서 쌓은 노하우!
백쌤의 한마디를 잊지 마세요.
나아가 백쌤의 수학 상담으로
고민 해결과 공부 비법까지
놓치지 마세요.

백쌤의 한마디

"선생님! 아는 문제인데 계산 실수를 자주 해요. 저 어떻게 하죠?"

수학 공부도 공기놀이와 똑같아요. 한 번에 갑자기 잘할 수 없어요. 1단, 2단, 3단과 같이 순서대로
올라가야 해요. 수학은 계단식 학문이에요. 앞 단원을 잘 밟아 놔야 그다음 단원으로 올라설 수
수학은 누적 학문이에요. 하나씩 쌓아 두어야 점점 더 잘할 수 있어요. 오늘이 첫 단원이니 앞으로
을 한 계단씩 올라가면서 실력을 천천히 쌓아 봐요.

백쌤의 한마디

"선생님! 아는 문제인데 계산 실수를 자주 해요. 저 어떻게 하죠?"

수학 공부도 공기놀이와 똑같아요. 한 번에 갑자기 잘할 수 없어요. 1단, 2단, 3단과 같이 순서대로 한 단계씩
올라가야 해요. 수학은 계단식 학문이에요. 앞 단원을 잘 밟아 놔야 그다음 단원으로 올라설 수 있어요. 또한
수학은 누적 학문이에요. 하나씩 쌓아 두어야 점점 더 잘할 수 있어요. 오늘이 첫 단원이니 앞으로 수학의 계단
을 한 계단씩 올라가면서 실력을 천천히 쌓아 봐요.

5 적용력 UP

✚ 수학 문해력을 키웠다면
  이제는 실전에 들어가야죠.
  배운 개념을 바로 써먹는
  핵심 문제풀이로 적용력 향상!

적용력 UP

나타내고 계산하세요.

$$18-5+60\div5$$
$$=18-5+(\quad)$$
$$=(\quad)+(\quad)$$

(2) $20-(12+23)\div7=$

계산 과정
$$20-(12+23)\div7$$
$$=20-(\quad)\div7$$
$$=20-(\quad)$$

6 힘센 정리

✚ 가장 확실한 마무리!
  핵심 키워드 다시 읽기로
  한눈에 완성하는 문해력

힘센 정리

❶ 자연수의 혼합계산을 할 때에는 순서부터 정하기.
❷ 자연수의 혼합계산에서는 괄호를 가장 먼저.
❸ 자연수의 사칙연산은 곱셈과 나눗셈을 먼저 하고 덧셈과 뺄셈은 나중에.

중등수학을 **시작**할 때 반드시 알아야 하는
초등수학 개념! 〟

차례

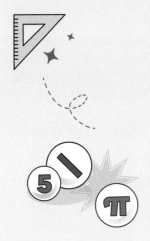

03 부등식의 세계

차례

04 다항식의 세계

> **수학**이 어렵게 느껴진다면,
> **수학의 언어**를 다시 살펴보세요.

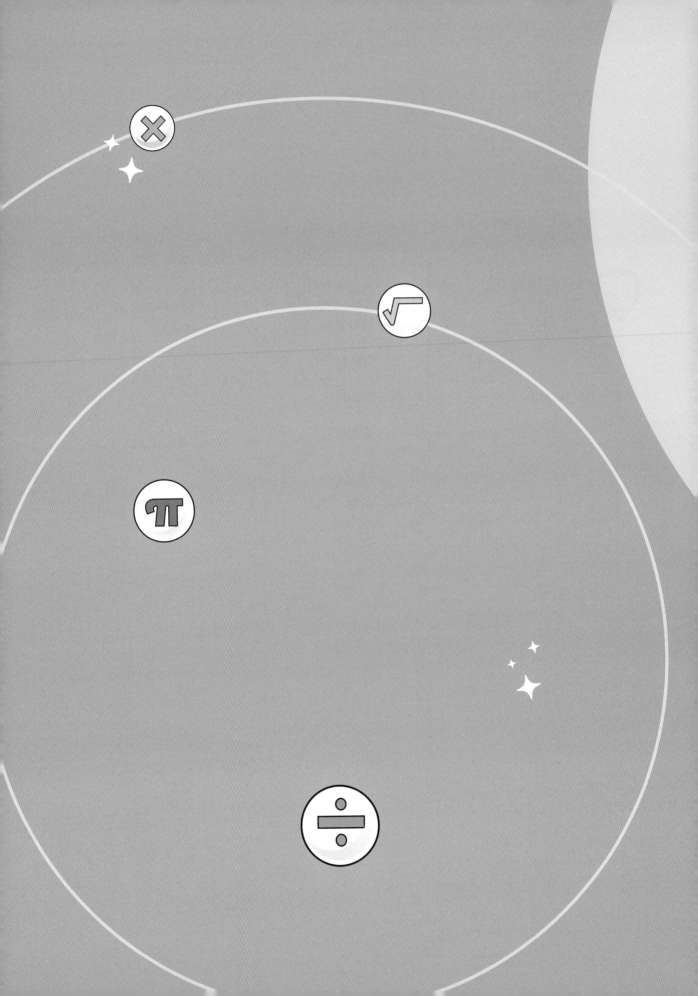

Chapter 1

수식의
세계

계산의 기본이 되는
덧셈, 뺄셈, 곱셈, 나눗셈을
사칙계산이라고 해요.
사칙계산은 **수의 세계**와 **식의 세계**를
연결해 주는 중요한 요소이지요.

식

문장을 식으로 만들어
문제를 해결할 수 있어요.

교과연계　∞ **초등** 덧셈과 뺄셈, 곱셈과 나눗셈　∞ **중등** 문자와 식

기호
: 수학 기호의 기본은
$+-\times\div$

한 줄 정리

기호를 사용해 수학적 관계를 나타내는 것을 '식'이라고 해요.

예시

[등식]　$1+1=2$
[부등식] $2<3$

설명 더하기

수학 개념은 수식으로 정리해 표현합니다. 수식은 **숫자와 사칙계산(덧셈, 뺄셈, 곱셈, 나눗셈)을 이용**해 식으로 나타내는 거예요. 식에는 여러 가지가 있어요. 등식, 항등식, 방정식, 단항식, 다항식, 일차식, 부등식 등과 같은 것들이지요. 각각의 식은 어떤 것을 기준으로 보느냐에 따라서 이름이 달라질 수 있어요. 식의 종류에 대해서는 앞으로 더 자세히 알아보도록 해요.

식 式　방식, 방법　　→ 수학적 관계를 나타내는 방법

문장을 식으로 나타내요

① 식

'2와 3의 합'을 식으로 나타내면 $2+3$

'2와 3의 곱'을 식으로 나타내면 2×3

② 등식

'$\frac{1}{2}$과 $\frac{1}{3}$의 합은 $\frac{5}{6}$와 같다'라는 문장을 식으로 나타내면

$\frac{1}{2}+\frac{1}{3}=\frac{5}{6}$예요. '같다'라는 뜻의 수학 기호가 바로 **등호(=)**예요.

이처럼 등호(=)를 사용해 나타낸 식을 등식이라고 하죠.

③ 부등식

'2는 3보다 작다'라는 문장을 식으로 나타내면 $2<3$

'3은 2보다 크다'라는 문장을 식으로 나타내면 $3>2$

'크다' 또는 '작다'는 것을 나타내는 수학 기호는 부등호이고 기호로 $<$, $>$ 을 써요.

그렇다면 '크거나 같다', '작거나 같다'는 것을 나타내는 수학 기호는 뭘까요?

그것도 부등호인데 기호는 $\leq$, $\geq$이에요.

이처럼 등호가 아닌 부등호를 사용하여 나타낸 식을 부등식이라고 해요.

부등호 118쪽
두 수 또는 두 식이 같지
않다는 것을 나타내는
기호.

부등식 122쪽
두 수 또는 두 식을 부등
호로 연결한 관계식.

$2+4$: 식

$2+4=6$: 식(등식)

$2+4<7$: 식(부등식)

수식의 계산 순서

수식에서 여러 가지 연산 기호가 함께 쓰이는 경우 혼란을 막기 위해 연산에 우선순위를 두고 있어요. 보통은 다음과 같은 순서로 계산해요.

거듭제곱 → 괄호 안쪽에 있는 수식 → 곱셈과 나눗셈 → 덧셈과 뺄셈

거듭제곱 1권 154쪽
같은 수나 문자를 여러
번 곱한 것.

식의 종류

$$
\text{식}\begin{cases}\text{등식}\begin{cases}\text{방정식}\\\text{항등식}\end{cases}\\\text{부등식}\end{cases}
\qquad
\text{식}\begin{cases}\text{유리식}\begin{cases}\text{다항식(일차식, 이차식…)}\\\text{분수식}\end{cases}\\\text{무리식}\end{cases}
$$

[등호가 있다/없다]　　　　　　　　　　[근호가 없다/있다]

식은 크게 등호와 근호를 사용하는지에 따라 나눌 수 있어요.

첫째, 등호(=)를 사용한 식과 부등호를 사용한 식입니다.

양변

: 등호를 기준으로 왼쪽을 좌변, 오른쪽을 우변이라고 해요.

(좌변)＝(우변)

그럼 좌변과 우변을 합하면 뭘까요? 바로 양변이지요!

등식이 등호를 이용해서 양변이 같다는 것을 표현한다면, 부등식은 부등호를 이용해서 양변의 크기를 비교하죠. 등식에는 방정식과 항등식이 있는데, **방정식은 미지수의 값에 따라 참이나 거짓이 되는 등식**이고, **항등식은 항상 참인 등식**이에요.

둘째, 근호($\sqrt{}$)를 사용한 식과 사용하지 않은 식입니다.

이에 따라서 무리식과 유리식으로 나눌 수 있어요. 유리식에는 다항식과 분수식이 있고, 다항식에는 일차식, 이차식, 삼차식 등이 있어요.

사고력 UP

수학은 악마의 속임수

1＋1은 정말 2일까요? 실제로 아주 오래전에 이런 생각을 했던 수학자가 있었어요. 바로 수학자이자 철학자인 데카르트예요. 데카르트는 평소에 모든 문장을 의심했어요. 문장을 증명할 때 그 시작은 모두 "그게 아니라고 가정하면?"이었답니다. 데카르트는 1＋1은 2가 아닌데 우리가 모르는 어떤 존재에게 조종당했다고 가정하면, 그렇다고 하더라도 속임수에 넘어가거나 조종당하려면 인간에게 꼭 필요한 것이 있고, 그것은 바로 '인지능력'이라고 했어요. 바위나 돌멩이를 속일 수는 없을 테니까요! 즉 인간에게는 생각하는 힘이 있다고 믿었죠.

또한 이 세상의 모든 것을 의심한다고 해도 현재 내가 생각하고 있는 것은 의심할 여지 없는 사실이니 "나는 생각한다, 고로 나는 존재한다"라는 유명한 말을 남겼어요. 아마도 데카르트의 말대로 애초부터 '＋'를 지금의 '－'의 의미로 사용했다면 현재 모든 사람은 1＋1＝0으로 계산하겠죠? 어쩌면 정말로 수학은 악마의 속임수일지도 모르겠습니다.

1 다음 문장을 수식으로 나타내세요.

(1) 1개에 500원인 사과 4개의 금액은 2000원과 같아요.

(2) 5000원을 내고 1500원짜리 빵 2개를 사고 거스름돈 2000원을 받았어요.

2 다음은 이집트 파피루스에 있는 내용이에요. 이집트인들의 풀이대로 빈칸을 채우면서 '아하'는 어떤 수인지를 구하세요.

> 아하와 아하의 $\frac{1}{7}$의 합이 19일 때, 아하를 구하세요.

─ 이집트인들의 풀이 ─

아하를 7이라고 가정하면

아하와 아하의 $\frac{1}{7}$의 합은 식으로 ( )

이 식을 계산하면 결과의 값은 ( )이에요.

그런데 실제 합이 ( )가 나와야 해요.

비례식으로 나타내면

19 : (7이라고 가정해서 나온 수)＝(아하) : (처음에 가정한 수 7)

19 : ( )＝(아하) : 7

비례식을 풀면 (아하)＝( )이 돼요.

힘센 정리

❶ 식이란 기호를 사용해 수학적 관계를 나타내는 것.

❷ 식에는 등식, 항등식, 방정식, 단항식, 다항식, 일차식, 부등식 등이 있다.

❸ 사칙계산에서는 곱셈과 나눗셈을 먼저 계산하고 덧셈과 뺄셈을 나중에 계산.

02

가르기와 모으기

 오늘 나는

수식의 개념과 수 사이의 관계를 알고
수 감각을 키울 수 있어요.

교과연계 ∞ **초등** 덧셈과 뺄셈 ∞ **중등** 경우의 수

한 줄 정리

가르기는 **하나의 수를 둘 이상의 수로 나누는 것**을 뜻하고,
모으기는 **둘 이상의 수를 모아서 하나의 수로 만드는 것**을 말해요.

예시

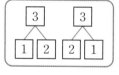

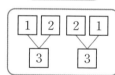

설명 더하기

뺄셈   27쪽
어떤 수나 식에서 다른
수나 식을 빼는 것.

덧셈과 **뺄셈**의 기초과정이라고 할 수 있는 가르기와 모으기는 서로 반대되는 개념이라고 생각하면 돼요. 가르기와 모으기는 두 개의 수로만 하는 것은 아니에요. 한 수를 두 수, 세 수, 네 수… 로 가르기할 수 있고, 반대로 한 수, 두 수, 세 수, 네 수… 를 한 수로 모으기할 수도 있어요. 가르기와 모으기를 알면 덧셈이나 뺄셈을 이해하는 데 큰 도움이 돼요.

 문해력 UP!

분 分   나누다, 구별하다
합 合   합하다, 하나가 되다

→ 나누고 합치다

가르기와 모으기, 이렇게 하면 쉽다!

5를 두 개의 수로 가르는 방법을 알아봐요.

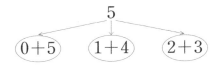

① 가르고 모으는 방법은 여러 가지가 있어요.

위와 같이 5를 두 개의 수로 가르기하는 방법은 세 가지가 있어요.

② 가르기를 할 때, 한쪽이 0이면 다른 한쪽은 전체 수가 돼요.

예를 들면 5는 0과 5로 가르기할 수 있는데 한쪽이 0이면 다른 한쪽은 5가 돼요.

③ 가르기를 할 때 한쪽은 1씩 커지게 하고, 다른 한쪽은 1씩 작아지게 해서 어느 한

수도 빠지지 않도록 하면 가르기와 모으기를 좀 더 쉽게 할 수 있어요.

> **표를 그려서 가르기하는 방법**

6을 두 개의 수로 가르기할 때, 표를 그려서 한쪽을 1씩 커지게 해요.

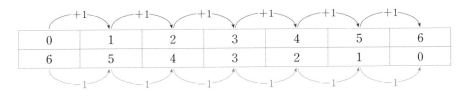

6을 두 개의 수로 가르기를 하는 방법은 (0, 6), (1, 5), (2, 4), (3, 3)이에요.

참고로 (0, 6)과 (6, 0)은 같으므로 한 번만 써요.

> **체리 모양을 그려서 가르기하는 방법**

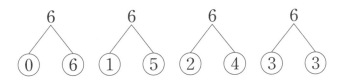

④ 한 수를 가르기하거나 모으기할 때 가르기하기 전의 수나 모으기한 수에는 '변함'이

없어야 해요.

10의 보수를 기억하세요

보수는 보충해 주는 수를 의미해요. 예를 들어 1이 10이 되려면 1에 9를 보충해 주어야 하겠죠? 그러므로 1에 대한 10의 보수는 9예요. 그럼 1에 대한 2의 보수는 무엇일까요? 네, 바로 1이에요.

이렇듯 보수의 개념 안에는 가르기와 모으기의 개념이 있는데, 특히 10이 되기 위해 서로 보충해 주는 수인 10의 보수를 알고 있으면 연산이 빨라져요. 그럼 10과 보수 관계에 있는 수들을 찾아볼까요?

그렇죠. (0, 10), (1, 9), (2, 8), (3, 7), (4, 6), (5, 5) 이 숫자를 기억해 주세요.

공기놀이할 때 가르기와 모으기

공기놀이에는 여러 가지 지혜가 들어 있어요. 공기놀이는 공깃돌 5개를 이용한 놀이인데 1단부터 4단까지 1개의 공깃돌은 던지고 나머지 4개를 바닥에 놓아 단에 맞춰서 개수를 다르게 잡는 놀이에요.

아래 그림은 각 단에 맞춰서 잡는 공깃돌의 개수를 나타낸 것입니다. 공기놀이를 잘 생각해 보면 그 안에 가르기와 모으기의 원리가 있어요. 예를 들어서 2단을 할 때는 5개의 공깃돌을 2개, 2개, 1개로 가르기하죠. 그리고 다시 모아서 5개가 되는 것이고요. 이렇듯 공기놀이를 하면 '5의 보수' 개념을 쉽게 익힐 수 있어요.

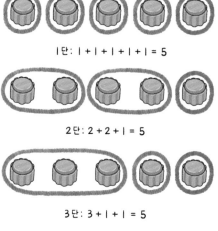

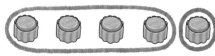

1 각 면에 1부터 6까지의 숫자가 적힌 파란색과 빨간색 정육면체 주사위 2개가 있어요. 2개를 동시에 던져 나온 눈의 합이 7이 되는 가짓수를 구하세요.

2 아래 그림의 규칙에 맞춰 빈칸을 채우세요.

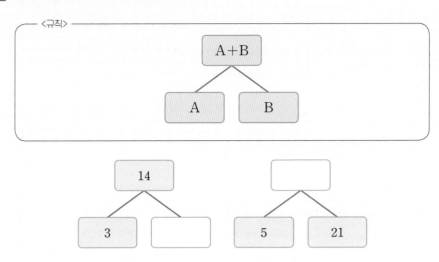

힘센 정리

❶ 가르기란 한 수를 둘 이상의 수로 나누는 것.

❷ 모으기란 둘 이상의 수를 모아서 한 수로 만드는 것.

❸ 가르고 모으는 방법은 여러 가지.

❹ 10이 되기 위해 서로 보충하는 수를 '10의 보수'라고 한다.

03

덧셈

오늘 나는

덧셈의 의미를 이해하고
간단한 덧셈을 할 수 있어요.

교과연계 ⚭ **초등** 덧셈과 뺄셈 ⚭ **중등** 정수와 유리수의 혼합계산

첨가

: 이미 있는 것에 덧붙이
거나 보태는 것이에요.

합병

: 둘 이상의 것을 하나
로 합치는 것을 뜻해요.

양수 1권 172쪽
수직선에서 0보다 큰 수.

한 줄 정리

몇 개의 수나 식을 합하여 계산하는 것을 덧셈이라고 해요.

예시

[덧셈] 1과 2의 합: $1+2$
[덧셈식] 1과 2의 합은 3이다: $1+2=3$

설명 더하기

덧셈은 사칙계산 가운데 하나로 수학에서 가장 기본이 되는 연산이에요. 기호는 '$+$'를 사용하고, '더하기' 또는 '플러스'로 읽어요. 덧셈에는 **첨가**와 **합병**의 의미가 있어요. $2+3$에서 2에 더해지는 수 3을 '더하는 수'라고 하는데 2에 3을 첨가했다는 의미죠. 합병은 2와 3을 합하면 5가 되는 것을 뜻합니다. 《수학의 문해력 1: 수의 세계》에서 **양수** '$+$'는 '더해진다, 증가한다'는 의미로 사용한다고 배우기도 했어요.

문해력 UP!

가 加 더하다
산 算 수를 세다

➜ <u>더하거나 합하는 계산</u>

받아올림이 있는 덧셈을 하는 법

1. 가르기와 모으기를 이용하자

십진법의 수 체계에서는 0부터 9까지 10개의 수를 사용해요. 9까지 사용하고 난 다음에는 10을 만들어 윗자리로 올려요. 이것을 '받아올림'이라고 합니다. $1+9=10$, $2+9=11$과 같은 계산들이 받아올림을 이용한 덧셈이에요. 받아올림이 있는 덧셈에서 실수를 줄이는 방법은 10의 보수를 이용한 가르기를 이용하는 거예요.

2+9의 계산에서는 2를 (1, 1)로 가르기해서 (1, 9)를 모으기하면 10이 돼요.

$$2 \; + \; 9 \; = \; 1 \; + \; 10 \; = \; 11$$

54+9의 계산에서는 9를 (6, 3)으로 가르기해서 (54, 6)을 모으면 60이 돼요.

$$54 \; + \; 9 \; = \; 60 \; + \; 3 \; = \; 63$$

54+9의 또 다른 방법은 54를 (53, 1)로 가르기해서 (1, 9)를 모으면 10이 돼요.

$$54 \; + \; 9 \; = \; 53 \; + \; 10 \; = \; 63$$

2. 자릿수를 맞춰서 세로셈을 계산하자

63+9의 계산을 세로셈을 이용해서 계산하는 방법은 다음과 같아요.

① 일의 자리 3과 9를 더하면 12이에요.

② 이 중에 일의 자릿수 2는 아래에 써요.

③ 10은 6 위에 1이라고 적어요(10의 자리의 수가 1이라는 것을 의미).

④ 1과 6을 더하면 7이에요. 7을 십의 자릿수에 적어요.

가르기와 모으기   18쪽
가르기는 한 수를 둘 이상의 수로 나누는 것.
모으기는 둘 이상의 수를 모아서 한 수로 만드는 것

덧셈의 여러 가지 성질

① 덧셈의 교환법칙

2+3과 3+2의 결과는 5로 같아요. 2와 3의 합은 3과
2의 합과 같은 덧셈의 합병 의미를 포함하고 있죠. 이를
식으로 나타내면 2+3=3+2이죠. 이것이 바로 덧셈
의 교환법칙이에요.

② 덧셈의 결합법칙

덧셈의 계산에서는 순서를 바꿔 계산해도 결과가 같아요.

2+3+5를 계산할 때, (2+3)+5를 계산하면 5+5이므로 10이에요.

2+(3+5)를 계산하면 2+8이므로 결과는 10으로 같아요. 이를 식으로 나타내면
(2+3)+5=2+(3+5)죠. 이것이 바로 덧셈의 결합법칙이에요.

$$(2+3)+5 \qquad 2+(3+5)$$

항등원 🔍

: 어떤 수에 대하여 연
산을 한 결과가 처음
의 수와 같도록 만들
어 주는 수를 말해요.

③ 어떤 수와 더해도 결과가 바뀌지 않는 수는 0(덧셈의 항등원은 0).

4와 어떤 수를 더했는데 그 결과를 여전히 4가 되게 하는 수가 있을까요?

바로 0입니다. 4+0=0+4=4(덧셈의 교환법칙)

이 성질을 이용한 것이 바로 '가르기를 이용한 덧셈'에서 10을 만드는 방법인데 이렇
게 하면 일의 자리의 수가 0이 되어서 덧셈이 간단해져요.

> **덧셈의 성질**
> [덧셈의 교환법칙] $a+b=b+a$
> [덧셈의 결합법칙] $(a+b)+c=a+(b+c)$
> [덧셈의 항등원 0] $a+0=0+a=a$

주의! 교환법칙, 결합법칙이라고만 하면 안 돼요. 꼭 덧셈의 교환법칙, 결합법칙이라고 해야
해요. 왜냐하면 곱셈의 교환법칙, 결합법칙도 있거든요.

덧셈 기호는 어떻게 만들어졌을까?

세계 공용어로 사용되고 있는 수학 기호 중에 대표적인 것이 바로 덧셈 기호(＋)와 뺄셈 기호(－)예요. 그런데 처음부터 모든 사람이 지금과 같은 덧셈 기호를 사용했던 것은 아니에요. 이 기호가 없었을 때는 3＋1을 표현할 때 수를 붙여서 '31'이라고 쓰고, 3－1은 수를 띄어서 '3 1'로 썼다고 해요. 조금 헷갈리죠? 원래 플러스는 라틴어로 '및' 또는 '~과'를 의미하는 'et'이라고 하는데 3＋1＝3et1로 썼었어요. 이것을 빨리 쓰다 보니 et 중에 알파벳 t가 변해서 지금의 ＋ 기호가 되었다고 해요.

또 '－' 기호는 마이너스(minus)의 머리글자 m을 따서 처음에는 $\overline{m}$ 기호를 사용했어요. 3－1＝3$\overline{m}$1로 사용하다가 간편하게 지금의 －가 되었다고 해요. 중세 유럽에서 먹다가 남은 포도주의 양을 나무 통 위에 －로 표시하다가 그것이 뺄셈의 기호가 되었다는 이야기도 있어요.

지금은 간단히 ＋, － 기호를 사용하지만 수학의 역사에서 이 기호가 만들어지기까지는 오랜 시간이 걸렸답니다.

백쌤의 한마디

"풀이 과정을 꼭 적어야 하나요?"

수학만큼이나 과정이 중요한 과목이 또 있을까요? 풀이 과정을 적으면 A에서 B를 거쳐 C까지 단계가 길어졌을 때 길을 잃지 않고 끝까지 결론에 도달할 수 있고, C는 B와 A에서 온 것이라는 역 추론 문제도 해결할 수 있어요. 특히, 식의 세계에서는 과정 중심의 학습이 필요해요. 그러니 지금까지 풀이 과정을 잘 적지 않았다면 차근차근 훈련해 보세요. 먼저, 수정테이프를 이용해서 해설의 중간중간을 지워서 빈칸 넣기부터 연습하고, 그다음은 단계별로 풀이 과정 적는 훈련을 하세요. 그렇게 익숙해지면 점점 제대로 된 수학 공부 방법에 익숙해질 거예요.

[풀이 과정 훈련 과정]
① 빈칸 채우기
② 단계별 과정 적기
③ 전체 풀이 과정 적기

1 다음 덧셈을 계산하세요.

(1) 가르기와 모으기를 이용한 방법으로 계산하세요.

$88+5=$

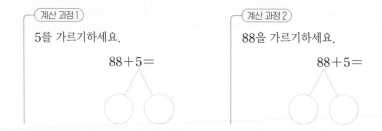

계산 과정 1	계산 과정 2
5를 가르기하세요.	88을 가르기하세요.
$88+5=$	$88+5=$

(2) 세로셈을 이용한 방법으로 계산하세요.

$$\begin{array}{r} 4\ \ 5 \\ +\ 2\ \ 8 \\ \hline \end{array}$$

2 다음의 계산에서 사용한 법칙은 어떤 법칙인지 쓰세요.

$2+34+6$
$=2+(34+6)$ ①
$=2+40$
$=40+2$ ②
$=42$

힘센 정리

❶ 덧셈은 몇 개의 수나 식을 합하여 계산하는 것.

❷ 덧셈에는 덧셈의 교환법칙과 덧셈의 결합법칙이 있다.

❸ 덧셈의 항등원은 0.

04

뺄셈

뺄셈의 의미를 이해하고
간단한 뺄셈을 계산할 수 있어요.

교과연계 ∞ **초등** 덧셈과 뺄셈 ∞ **중등** 정수와 유리수의 혼합계산

한 줄 정리

어떤 수나 식에서 다른 수나 식을 빼는 것을 뺄셈이라고 해요.

제거
: 무언가를 없애 버리는 거예요.

예시

[뺄셈]   3과 2의 차: $3-2$
[뺄셈식] 3과 2의 차는 1이다: $3-2=1$

설명 더하기

차이
: 서로 같지 않고 다르다는 뜻이에요.

뺄셈은 두 수를 빼는 활동이고, 뺄셈식은 두 수를 빼서 생긴 결과까지 나타낸 것을 말해요. 뺄셈은 전체에서 일부를 제거한다는 의미와 두 수나 식을 비교해 차이를 구한다는 의미가 있어요. 기호로 '$-$'를 사용하고 '빼기' 또는 '마이너스'로 읽어요. 예를 들어서 $7-5=2$에서 7을 빼지는 수, 5를 빼는 수라고 하며, 2를 두 수의 '차'라고 해요.
《수학의 문해력 1: 수의 세계》에서 음수 '$-$'는 '빼다, 감소하다'라는 의미로 사용한다고 배웠어요. 생활 속에서 '남은 것은 몇 개인지' 또는 '~보다 몇 개 더 많은지'를 알아볼 때는 뺄셈을 이용합니다.

음수   1권 176쪽
수직선에서 0보다 작은 수.

문해력 UP!

감 減 덜다, 줄다
산 算 수를 세다

→ 덜거나 줄이는 계산

받아올림이 있는 뺄셈을 하는 법

1. 가르기와 모으기를 이용하자

큰 수에서 작은 수를 빼는 것보다 작은 수에서 큰 수를 빼는 것이 어려워요. 가르기와 모으기를 이용한 받아올림이 있는 뺄셈을 연습해 볼까요?

14－8의 계산에서 14를 (4, 10)으로 가르기하고 10에서 8을 빼요. 다시 4와 2의 모으기를 통해 6이라는 결과를 얻을 수 있어요. 또는 8을 먼저 가르기하는 방법도 있어요.

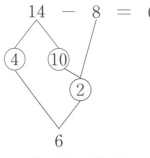

[14를 가르기하는 법]

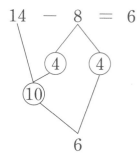

[8을 가르기하는 법]

보수　　　20쪽
보충해 주는 수.

이 두 가지 방법의 핵심은 10의 보수 개념을 이용한다는 거예요.

2. 자릿수를 맞춰서 세로셈을 계산하자

43－29의 계산을 세로셈을 이용해서 계산하는 방법은 다음과 같아요.

$$
\begin{array}{r}
\overset{②}{\overset{3}{\overset{}{4}}}\ 3 \\
-\ 2\ 9 \\
\hline
\underset{④}{1}\ \underset{③}{4}
\end{array}
$$

① 일의 자리의 수 3에서 9를 뺄 수 없어요.

② 십의 자리의 수 4를 3으로 고치고 10을 일의 자리의 뺄셈을 하는 데 사용해요.

③ 13－9＝4예요. 4를 일의 자리에 적어요.

④ 3－2＝1이에요. 1을 십의 자리에 적어요.

**백쌤의
한마디**

중학생이 되면 정수와 유리수를 자세히 배워요. 그때 음수를 이용하면 작은 수에서 큰 수의 뺄셈이 가능해지죠. 1－3＝－2가 돼요. 위의 43－29의 계산에서 일의 자리의 수는 3－9＝－6이에요. 십의 자리의 수는 40－20＝20이고요. 그러므로 20－6＝14가 됩니다. 《수학의 문해력 1: 수의 세계》에서 〈정수와 유리수의 세계〉를 참고하세요.

뺄셈에도 교환법칙과 결합법칙이 성립할까?

결론부터 이야기하면 뺄셈에서는 교환법칙과 결합법칙이 성립하지 않아요.

덧셈은 합병의 의미가 있기 때문에 합병한 결과는 같아요. 하지만 뺄셈은 남는 의미가 있기 때문에 결과가 완전히 달라요.

$5+2=2+5$ 　　　[덧셈의 교환법칙 성립]

$5-2 \neq 2-5$ 　　　[뺄셈의 교환법칙 성립하지 않음]

결합법칙 역시 뺄셈에서는 성립하지 않아요. $10-2-5$를 계산해 봐요. 결합법칙이 성립하기 위해서는 $(10-2)-5$ 와 $10-(2-5)$의 결과의 값이 같아야 해요.

그런데 $(10-2)-5=3$이에요. $10-(2-5)=10-(-3)=10+(+3)=13$ 이지요. 계산한 결과가 서로 달라요.

그래서 괄호가 없는 뺄셈 계산에서는 왼쪽부터 순서대로 계산해야 해요.

$(10+2)+5=10+(2+5)$ 　　　[덧셈의 결합법칙 성립]

$(10-2)-5 \neq 10-(2-5)$ 　　　[뺄셈의 결합법칙 성립하지 않음]

> **뺄셈 주의**
>
> [뺄셈의 교환법칙 성립하지 않음]　$a-b \neq b-a$
>
> [뺄셈의 결합법칙 성립하지 않음]　$(a-b)-c \neq a-(b-c)$

참고 곱셈의 교환법칙과 결합법칙은 성립하고, 나눗셈의 교환법칙과 결합법칙은 성립하지 않아요.

뺄셈의 두 얼굴

많은 학생이 뺄셈을 뜻하는 기호와 음수를 나타내는 부호를 구별하지 않고 사용하는 경우가 많아요. 다음 문제를 한번 볼까요?

> $-5-2$를 읽어 보세요.
>
> 1번: 빼기 5 빼기 2
> 2번: 빼기 5 마이너스 2
> 3번: 마이너스 5 빼기 2
> 4번: 마이너스 5 마이너스 2

위 질문의 정답을 3번으로 말한 학생은 음수의 부호와 빼기의 연산기호에 대한 개념을 잘 알고 있는 거예요. 생긴 것은 같아도 두 기호의 의미는 달라요. $-5-2$에서 앞에 나오는 '$-$'는 5에 붙은 부호이고, 뒤에 나오는 '$-$'는 연산의 빼기를 의미해요. 이런 일은 양의 부호를 생략하기 때문에 벌어집니다. 단계별로 살펴볼까요?

> 1단계 양의 부호 포함: $(-5)-(+2)$
> 2단계 양의 부호 생략: $(-5)-2$
> 3단계 괄호 생략: $-5-2$

헷갈리고 어려울 땐 이렇게 생각하면 쉬워요. 앞에 있는 것은 덧셈과 뺄셈이 아니라 모두 부호라고 말이에요. 나머지는 그냥 다 더한다고 생각해 보세요.

$$-5-2=(-5)+(-2)=-7$$

이렇게 같은 부호끼리 모으기하는 방법으로 생각하면 연산도 빠르고 실수도 줄 거예요. 그럼 $-3-5+2$도 이렇게 생각해 보세요.

$$-3-5+2=(-3)+(-5)+(+2)=(-8)+(+2)=-6$$

> 〈모으기와 가르기의 아이디어〉
> $$-3-5+2=(-3)+(-5)+(+2)=(-8)+(+2)=-6$$
> (-8)
> (-6) (-2)

1 다음 뺄셈을 계산하세요.

(1) 가르기와 모으기를 이용한 방법으로 계산하세요.

$85-8=$

┌─ 계산 과정 1 ─┐
8을 가르기하세요.

$$85-8=$$

┌─ 계산 과정 2 ─┐
85를 가르기하세요.

$$85-8=$$

(2) 세로셈을 이용한 방법으로 계산하세요.

```
    4  5
 -  2  8
─────────
```

2 다음 두 학생의 뺄셈 계산에서 잘못 계산한 학생은 누구인지 찾고 그 이유를 설명하세요.

두연: $13-5-1$
    $=13-(5-1)$
    $=13-4$
    $=9$

세연: $13-5-1$
    $=8-1$
    $=7$

┌─ 해결 과정 ─┐
잘못 계산한 학생은 (   )이에요.

뺄셈에서는 (   )법칙이 성립하지 않으니까요.

따라서 (왼쪽 · 오른쪽)부터 순서로 계산해야 해요.

힘센 정리

❶ 뺄셈은 어떤 수나 식에서 다른 수나 식을 빼는 것.

❷ 뺄셈을 나타내는 연산기호와 음수를 나타내는 부호를 구별해야 한다.

❸ 뺄셈에는 교환법칙과 결합법칙이 성립하지 않는다.

05
곱셈

 오늘
나는

곱셈의 의미를 이해하고
간단한 곱셈을 계산할 수 있어요.

교과연계　∞ **초등** 분수와 소수의 곱셈과 나눗셈　∞ **중등** 정수와 유리수의 혼합계산

한 줄 정리

두 개 이상의 수나 식을 곱하여 계산하는 것을 곱셈이라고 해요.

예시

[곱셈]　2와 3의 곱: 2×3
[곱셈식] 2와 3의 곱은 6이다: $2 \times 3 = 6$

설명 더하기

덧셈　　　22쪽
몇 개의 수나 식을 합하여
계산하는 것.

곱셈은 사칙계산 가운데 하나로 덧셈과 함께 수학에서 가장 기본이 되는 연산이에요. 2×3은 2개씩 모은 묶음이 3개 있다는 뜻으로, 덧셈으로 풀어 보면 $2 + 2 + 2 = 6$이 됩니다. 2는 '곱해지는 수', 3은 '곱하는 수', 6은 '곱해지는 수와 곱하는 수의 곱'이라고 표현해요.
'몇 개씩 몇 묶음', '몇 곱하기 몇', '몇과 몇의 곱'은 곱셈식에서 자주 사용하는 말이니 기억해 두세요.

 문해력 UP!

승 乘　한 대상에 묶이고 더해지다
법 法　예의, 방법

→ 곱셈하는 방법

받아올림이 있는 곱셈을 하는 법

한 자릿수와 한 자릿수의 곱셈, 즉 1×1부터 9×9까지는 곱셈구구를 이용해서 계산해요. **두 자릿수 이상의 곱셈**은 어떻게 할까요? **세로셈을 이용**하면 됩니다!

$$
\begin{array}{r}
1\ 3 \\
\times\quad 7 \\
\hline
2\ 1 \quad \leftarrow 3 \times 7 \\
7\ 0 \quad \leftarrow 10 \times 7 \\
\hline
9\ 1
\end{array}
$$

➡

$$
\begin{array}{r}
\overset{②}{\underset{}{}}\overset{②}{} \\
1\ 3 \\
\times\quad 7 \\
\hline
\underset{③\ ②}{9\ 1}
\end{array}
$$

① 3과 7의 곱은 21이죠. 이 중에 십의 자릿수 2는 위에 작게 적어요.

② 일의 자릿수 1은 아래 적어요.

③ 10과 7의 곱 70에 21을 더하면 91이죠. 십의 자리에 9를 적어요.

0이 연속으로 있는 수를 곱셈하는 법

예를 들어서 130×700의 계산에는 0이 많다 보니 계산을 실수할 확률이 높아요. 이때는 0을 나중에 생각하고 **0이 없는 수를 먼저 계산**하면 좋습니다.

13과 7의 곱은 91이에요. 곱셈식에서 0은 모두 3개죠. 91에 0을 3개 붙이세요. 답은 91000입니다.

확률
: 어떤 사건이 일어날 가능성을 말해요.

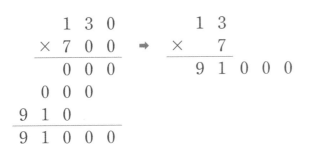

$$
\begin{array}{r}
1\ 3\ 0 \\
\times\ 7\ 0\ 0 \\
\hline
0\ 0\ 0 \\
0\ 0\ 0 \\
9\ 1\ 0 \\
\hline
9\ 1\ 0\ 0\ 0
\end{array}
$$
➡
$$
\begin{array}{r}
1\ 3 \\
\times\quad 7 \\
\hline
9\ 1\ 0\ 0\ 0
\end{array}
$$

이렇게 0을 많이 쓰면서 곱셈하지 않아도 돼요.

소수를 곱셈하는 법

소수는 소수점의 자릿수를 맞춰 계산하는 것이 중요하고 답을 적을 때에도 소수점을 잘 찍는 것이 정말 중요해요. 0이 연속으로 있는 수를 곱셈할 때 0이 없다고 생각하고 계산한 것과 같이 소수의 곱셈도 소수점이 없다고 생각하고 계산한 후에 마지막에 소수점을 찍어요.

$$
\begin{array}{r}
1.\boxed{3} \quad \text{1자리} \\
\times\ 0.\boxed{7} \quad \text{1자리}
\end{array}
\quad\Rightarrow\quad
\begin{array}{r}
1\ 3 \\
\times\quad 7 \\
\hline
9\ 1
\end{array}
$$

$$\text{2자리} \longrightarrow 0.9\,1$$

곱셈의 여러 가지 성질

① 곱셈의 교환법칙

곱셈의 기본은 덧셈이기 때문에 곱셈에 대한 교환법칙과 결합법칙이 성립해요.
$2 \times 3 = 3 \times 2 = 6$으로 계산 결과가 같아요.

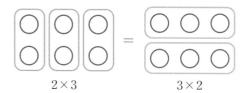

$$2 \times 3 \qquad\qquad 3 \times 2$$

② 곱셈의 결합법칙

$2 \times 3 \times 5 = (2 \times 3) \times 5 = 2 \times (3 \times 5) = 30$으로 계산 결과가 같아요.

앞에 두 수의 곱을 먼저 계산하고 뒤에 곱을 나중에 계산해도 되고, 뒤에 두 수의 곱을 먼저 계산하고 앞에 수와 곱해도 결과가 같아서 곱셈의 결합법칙은 성립해요. 따라서 자연수를 소인수분해하면 곱셈식으로 나타낸 하나의 답이 나오게 됩니다. 12를 소인수분해하는 방법은 여러 가지가 있지만 소인수분해한 결과는 $12 = 2^2 \times 3$으로 딱, 한 가지라는 거예요.

소인수분해 1권 158쪽
어떤 자연수를 소인수의 곱으로 나타내는 과정.

③ 어떤 수와 곱하여 결과가 바뀌지 않는 수는 1(곱셈의 항등원은 1)

0이 아닌 수 a와 1의 곱은 결과가 그냥 그 수 a가 돼요. 1은 곱셈 결과에 영향을 미치지 않습니다. 그래서 1의 거듭제곱은 항상 1이에요.

곱셈의 성질

[곱셈의 교환법칙] $a \times b = b \times a$

[곱셈의 결합법칙] $(a \times b) \times c = a \times (b \times c)$

[곱셈의 항등원 1] $a \times 1 = 1 \times a = a$

0과 1 중에 어떤 수가 더 강할까?

모순이라는 말에는 재미있는 이야기가 담겨 있습니다. 예전에 창과 방패를 파는 한 장사꾼이 손님들에게 이렇게 이야기했다고 합니다. "이것은 세상 무엇이든지 뚫을 수 있는 창이랍니다. 그리고 이것으로 말할 것 같으면 세상에 무엇도 뚫을 수 없는 튼튼한 방패이지요." 그랬더니 손님 중에 한 사람이 말했어요. "그런 거짓말이 어디 있소? 그럼 그 창으로 그 방패를 뚫으면 어떻게 되는 거요?" 허를 찔린 장사꾼은 당황해서 그 자리를 도망쳤어요. 창 모(矛)와 방패 순(盾), 이 두 글자가 합쳐진 '모순'은 바로 여기에서 유래한 단어예요.

모순

: 어떤 사실의 앞뒤가 맞지 않거나 두 사실이 이치상 어긋나는 것을 뜻해요.

수학에서 창과 방패 역할을 하는 수는 바로 0과 1입니다. 0에 어떤 수를 곱하면 무조건 0이 됩니다. 다 뚫어 버리는 창과 같아요. 그런데 1에는 어떤 수를 곱해도 그대로 '어떤 수'만 남습니다. 다 막아 버리는 방패와 같아요. 그렇다면 1과 0의 곱은 어떨까요? 네, 당연히 0이에요. 그럼 0과 1 중에 어떤 수가 더 강한지 아시겠죠?

1 다음 곱셈을 계산하세요.

(1) $300 \times 150 =$

(2) $0.03 \times 1.5 =$

2 다음의 설명은 다양한 곱셈법 가운데 하나인 줄긋기 곱셈법이에요.

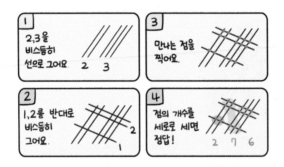

줄긋기 곱셈법은 23과 12를 곱하는 거예요. 계산 결과는 276입니다.

(1) 그럼 위와 같은 줄긋기 곱셈법으로 14×31을 계산해 보세요. 결과가 몇이죠?

(2) 이것의 원리는 바로 자릿수의 식의 계산에 있어요. 다음 식에서 ○, △에 알맞은 수를 넣으세요.

> ─계산 과정─
> 14×31
> $= (10 + ○) \times (30 + △)$
> $= 10 \times 30 + 10 \times △ + 4 \times 30 + ○ \times △$
> $= 300 + 10 + 120 + ○$
> $= 300 + 130 + ○$
> $= 434$

**힘셈
정리**

❶ 곱셈은 두 개 이상의 수나 식을 곱하여 계산하는 것.
❷ 곱셈에는 곱셈의 교환법칙과 곱셈의 결합법칙이 있다.
❸ 곱셈의 항등원은 1.
❹ 0이 연속으로 있는 수나 소수의 곱셈에서는 자연수의 곱셈을 이용.

06

나눗셈

 오늘 나는

나눗셈의 의미를 이해하고
간단한 나눗셈을 할 수 있어요.

교과연계 ∞ **초등** 분수와 소수의 곱셈과 나눗셈 ∞ **중등** 정수와 유리수의 혼합계산

한 줄 정리

어떤 수를 다른 수로 나누어 계산하는 것을 나눗셈이라고 해요.

예시

[나눗셈]   3 나누기 2: $3 \div 2$

[나눗셈식] 3 나누기 2는 $\frac{3}{2}$과 같다: $3 \div 2 = \frac{3}{2}$

설명 더하기

나눗셈은 사칙계산 가운데 하나로 곱셈과 반대되는 연산이에요. $6 \div 3 = 2$에서 6은 '나누어지
는 수', 3은 '나누는 수'라고 표현하며, 2는 (6을 3으로 나눈) '몫'이라고 해요. 하지만 모든 몫이
깔끔하게 딱 떨어지는 것은 아니에요. 그렇게 남는 수를 **나머지**라고 합니다.
나눗셈에는 포함제와 등분제가 있어요. **포함제는 어떤 수 안에 다른 수가 몇이나 포함되어 있
는가를 구하기 위한 나눗셈**이고, **등분제는 어떤 수를 똑같이 몇으로 나누기 위한 나눗셈**이에요.

나머지   42쪽
나눗셈에서 더 이상 나누
어떨어지지 않고 남는 수.

제 除 덜다, 없애다, 나누다
법 法 예의, 방법

➔ 나눗셈하는 방법

포함제와 등분제

① 포함제

사과가 30개 있어요. 한 상자에 10개씩 담아 포장하려고 해요. 그럼 한 상자에 사과가 10개씩 들어가고 상자는 3개가 필요하죠. 이처럼 사과를 같은 양으로 나누어 담으려면 몇 개의 상자가 필요한지 계산하는 게 포함제예요. 즉, 어떤 수 안에 다른 수가 몇이나 포함되어 있는가를 구하기 위한 거예요.

$$30 \div 10 = 3(상자)$$

30 ÷ 10 = 3 상자

[포함제]

② 등분제

그럼 이미 3개의 상자가 있다고 할 때 사과를 몇 개씩 담아야 똑같은 양으로 나누어 담을 수 있을까요? 네, 바로 10개예요. 이처럼 똑같이 나누어 한 부분의 크기를 알아보는 나눗셈이 바로 등분제예요.

$$30 \div 3 = 10(개)$$

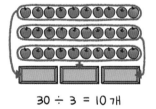

30 ÷ 3 = 10 개

[등분제]

참고 나눗셈을 뺄셈으로 생각해 볼 수 있어요. 사과 30개를 10개씩 빼서 상자에 담으면 10개씩 3번 빼야 해요. 즉, $30 - 10 - 10 - 10 = 0$으로 3개의 상자에 담을 수 있어요.

소수를 나눗셈하는 방법

먼저 자연수와 자연수를 나눗셈하고 나머지 구하기를 해볼까요?

$31 \div 7$, $3.1 \div 7$, $3.1 \div 0.7$을 나눠서 몫과 나머지를 구하면서 서로 어떻게 다른지 비교해 봐요(단, 몫을 소수 첫째 자리까지 구하세요).

	$31 \div 7$	$3.1 \div 7$	$3.1 \div 0.7$
나눗셈식	$31 \div 7$	$3.1 \div 7$	$3.1 \div 0.7$
몫	4	0.4	4.4
나머지	3	0.3	0.02

백쌤의 한마디

소수의 나눗셈에서는 소수점의 위치가 중요해요. 나머지를 적을 때에도 마찬가지로 소수점의 위치가 중요합니다. $3.1 \div 0.7$에서 과정은 잘 적어 놓고, 나머지를 2라고 하면 안 돼요. 나머지는 언제나 나누는 수보다 작아야 하거든요.

곱셈과 나눗셈의 절친 관계

분수의 나눗셈이 어렵다면 자연수의 곱셈과 나눗셈의 원리를 적용해서 식을 만들면 좋습니다. 자연수에서는 암산으로 빠르게 계산이 가능하기 때문이죠.

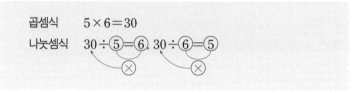

어때요? 쉽죠? 그럼 문제를 하나 낼게요. 물통에 물이 30리터(L) 들어 있어요. 1시간에 6리터씩 빠져나간다면 몇 시간 후 모두 빠져나갈까요? 여러분은 망설임 없이 5시간이라고 할 거예요. 그럼 같은 문제에서 숫자만 분수로 바꿔 볼까요?

$$\text{(전체 물의 양)} \div \text{(1시간에 빠져나가는 물의 양)} = 30 \div 6 = 5\text{(시간)}$$

물통에 물이 $5\frac{3}{7}$리터 들어 있어요. 1시간에 $\frac{2}{7}$리터씩 빠져나간다면 몇 시간 후 모두 빠져나갈까요? 이 문제는 바로 답을 구하기 힘들죠? 위의 식을 생각하면서 그대로 숫자만 바꿔서 식을 만들어요.

같은 방법으로 식을 만들면

$$\text{(전체 물의 양)} \div \text{(1시간에 빠져나가는 물의 양)} = 5\frac{3}{7} \div \frac{2}{7}$$
$$= \frac{38}{7} \times \frac{7}{2} = 19\text{(시간)}$$

이렇게 분수를 포함한 식이 헷갈릴 때는 자연수의 계산 원리를 생각하고 식을 만들어 풀면 실수 없이 잘할 수 있어요.

1 다음을 나눗셈하세요.

① $400 \div 21$ (단, 몫을 자연수까지 구해요.)

> 계산 과정 1
>
> 세로셈을 이용해서 직접 나누기하고 몫과 나머지를 구해요.
>
> $21\overline{)400}$

> 계산 과정 2
>
> 분수식을 이용해서 대분수로 나타내요.
>
> $400 \div 21 = \dfrac{\bigcirc}{21} = \bigcirc \dfrac{\bigcirc}{21}$

② $0.4 \div 2.1$ (단, 몫을 소수 둘째 자리까지 구해요.)

> 계산 과정
>
> 세로셈을 이용해서 직접 나누기한 후에 몫과 나머지를 구해요.
>
> $2.1\overline{)0.4}$

2 도현이는 약국에서 물약 $6\frac{1}{5}$ 밀리리터(mL)을 받았어요. 약사가 하루에 $1\frac{1}{2}$ 밀리리터씩 먹으라고 했어요. 도현이는 며칠 동안 약을 먹어야 할까요?
(단, 남은 물약이 하루에 먹어야 할 양보다 적어지면 그만 먹어요.)

힘센 정리

❶ 나눗셈은 어떤 수를 다른 수로 나누어 계산하는 것.

❷ 나눗셈에는 포함제와 등분제가 있다.

❸ 소수의 나눗셈에서는 몫과 나머지 소수점의 위치가 중요!

07

나머지와 검산

몫과 나머지를 알고
검산을 할 수 있어요.

교과연계 ∞ **초등** 분수와 소수의 곱셈과 나눗셈 ∞ **고등** 나머지 정리

한 줄 정리

나눗셈에서 **더 이상 나누어떨어지지 않고 남는 수**를 나머지라고 해요.
계산의 결과가 맞는지 다시 조사하는 일을 검산이라고 해요.
(검산식): (나누는 수) × (몫) + (나머지) = (나누어지는 수)

예시

$$9 \div 2 = 4 \cdots 1 \rightarrow \text{검산식}: 2 \times 4 + 1 = 9$$

나누어지는 수 나누는 수 몫 나머지

설명 더하기

곱셈구구

: 1부터 9까지의 수를 두 수끼리 서로 곱하여 그 값을 나타낸 것으로 구구단이라고도 해요.

$8 \div 2$를 계산해 보면 8은 2의 배수이므로 4로 딱 나누어떨어져요. 나눗셈의 몫은 **곱셈구구**를 이용해 구할 수 있어요. 하지만 $9 \div 2$는 어떤가요? 9는 2의 배수가 아니에요. 따라서 9를 2로 나누면 몫이 4이고, 나머지 1이 생겨요. 이를 식으로 나타내면 $9 \div 2 = 4 \cdots 1$이고, 이때 4를 '나눗셈의 몫'이라고 하고, 1을 '나머지'라고 합니다.
나눗셈을 잘했는지 검산식으로 확인해 볼 수 있어요. 나누는 수 2와 몫 4를 곱하고 나머지 1을 더해 처음 나누어지는 수 9가 나오면 나눗셈을 옳게 한 것이에요.

문해력 UP!

여 餘 남다
검 檢 검사하다
산 算 수를 세다

➡ 나머지가 있는 나눗셈의 검산

세로셈을 이용한 나눗셈과 검산식

55÷12를 계산하고 몫과 나머지를 구하세요.

$$
\begin{array}{r}
4 \quad \leftarrow \text{몫} \\
12\overline{)55} \\
48 \\
\hline
7 \quad \leftarrow \text{나머지}
\end{array}
$$

검산식: $(12 \times 4) + 7 = 55$

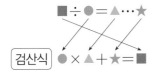

나눗셈의 검산

$$\blacksquare \div \bullet = \blacktriangle \cdots \bigstar$$

검산식 $\bullet \times \blacktriangle + \bigstar = \blacksquare$

나머지의 조건

나눗셈에서 나머지가 0이면 '나누어떨어진다'라고 해요. 0보다 큰 나머지가 생겼을 때는 주의할 점이 있어요. **나머지는 항상 나누는 수보다 작아야 한다**는 거예요.
위의 나눗셈 55÷12를 잘못 계산하면 다음과 같아요.

$$
\begin{array}{r}
3 \\
12\overline{)55} \\
36 \\
\hline
19
\end{array}
$$

55÷12를 계산할 때 몫을 3이라고 어림하면
나머지는 19가 나와요.
19는 나누는 수 12보다 큰 수이므로
나머지가 될 수 없지요.
이럴 때는 몫을 더 큰 수인 4로 어림해 보세요.

어림
: 대강 짐작으로 헤아리는 것을 말해요.

A를 B로 나누어 몫이 C이고 나머지가 D일 때, 항상 B>D예요.

$$
\begin{array}{r}
C \cdots D \quad \boxed{B > D}\\
B\overline{)A}
\end{array}
$$

검산식: $(B \times C) + D = A$

소수의 나눗셈에서 몫의 소수점 위치는 나누어지는 수의 옮겨진 소수점의 위치를 따릅니다. 나머지의 소수점 위치는 소수점을 옮기기 전인, 처음 나누어지는 수의 소수점의 위치를 따릅니다. 몫과 나머지의 소수점의 위치가 정말 중요해요.

나머지를 이용해서 요일 찾기

12월이 되어 다음 해 달력을 받으면 가장 먼저 하는 일은 빨간 날이 며칠인지 세어 보는 거예요. 2023년 8월 15일 광복절은 화요일이니 학교에 가지 않겠네요. 그러면 2024년 8월 15일은 무슨 요일일까요? 핸드폰으로 달력을 보지 않고도 나머지를 이용하면 금방 계산이 가능해요.

자, 같이 한번 계산해 볼까요? 8월 15일이 화요일이라면 7일 후에도 화요일, 14일 후에도 화요일, 21일 후에도 화요일… 이렇게 7의 배수만큼 더하면 요일은 항상 화요일로 같아요.

1년은 365일이죠. 그럼 365를 7로 나누어 나머지를 구해 봐요.

나머지가 1이에요. 따라서 화요일에 하루를 더하면 다음 날인 수요일이 돼요.

그럼 2023년 화요일이었던 광복절이 2024년에는 수요일이 되겠네요?

> 2023년 8월 15일이 화요일
> 2024년 8월 15일이 수요일?
> 2025년 8월 15일은 목요일?

그런데 2024년 8월 15일은 수요일이 아니라 목요일이에요! 왜 그럴까요?

여기에서 주의할 점이 있어요. 2024년은 윤년이라고 하는데 윤년은 1년이 365일이 아니라 366일이거든요. 그래서 366을 7로 나누어 나머지를 구해 보면 나머지는 2가 돼요. 따라서 2024년 8월 15일은 화요일에서 이틀을 더한 목요일입니다. 2025년부터 다음 윤년까지는 다시 하루씩 더하면 되고요.

> 2023년 8월 15일이 화요일
> 2024년 8월 15일이 목요일(윤년)
> 2025년 8월 15일은 금요일

윤년

: 2월이 28일이 아닌 29일까지인 해. 윤년인 해는 1년이 365일이 아니라 366일이고, 4년마다 한 번씩 돌아와요.

백쌤의 한마디

고등학교에 가면 수와 수의 나눗셈 말고, 식과 식의 나눗셈을 하게 되는데 이때에는 **나머지의 차수가 나누는 식의 차수보다 작아야 한다**는 것을 잘 기억하세요.

1 다음 소수의 나눗셈을 계산하고 검산식을 적으세요.

$13.5 \div 1.1$ (단, 몫을 자연수까지 구해요.)

계산 과정

세로셈으로 계산하기

$1.1 \overline{)13.5}$

검산식:

2 다음 물음에 답하세요.

어떤 수를 62로 나누면 몫이 11이고, 나머지가 7이 되는 과정을 쓰고, 답을 구하세요.

해결 과정1

문제에 알맞은 나눗셈식 쓰기

(어떤 수)÷( ) = ( )…( )

해결 과정2

어떤 수 구하기

(어떤 수) = ( )×( )+( )

3 밸런타인데이에 친구들에게 줄 초콜릿을 포장하려고 리본 2미터(m)를 샀어요. 상자 하나를 포장하는 데에는 리본 30센티미터(cm)가 필요해요. 2미터짜리 리본으로 몇 개의 상자를 포장할 수 있고, 남는 리본은 몇 센티미터일까요?

힘센 정리

❶ 나눗셈에서 더 이상 나누어떨어지지 않고 남는 수를 나머지라고 한다.
❷ 나눗셈에서 나머지가 0이면 '나누어떨어진다'라고 한다.
❸ (검산식): (나누는 수)×(몫)+(나머지)=(나누어지는 수)
❹ 나머지는 항상 나누는 수보다 작아야 한다.

08

사칙계산

사칙계산을 이해하고
혼합계산을 할 수 있어요.

교과연계 ∞ **초등** 덧셈, 뺄셈, 곱셈, 나눗셈 ∞ **중등** 정수와 유리수의 혼합계산

한 줄 정리

덧셈, 뺄셈, 곱셈, 나눗셈, 이 네 가지 계산법을 사칙계산이라고 해요.

예시

$+ - \times \div$

설명 더하기

🔍 **연산**

: 식이 나타낸 일정한 규칙에 따라 계산하는 것을 뜻해요.

덧셈, 뺄셈, 곱셈, 나눗셈을 네 가지 기본 연산이라는 뜻에서 사칙연산 또는 사칙계산이라고 해요. 최근에는 사칙연산보다 사칙계산이라는 말을 더 많이 사용합니다. 덧셈을 알면 뺄셈을 이해할 수 있고, 덧셈에서 곱셈이 나온 것이고, 곱셈을 이용해 나눗셈을 하니 결국 덧셈이 사칙계산의 기본입니다. **사칙계산에서 가장 중요한 것은 바로 계산 순서예요.**

사 四 넷, 네 가지
칙 則 법칙
계 計 세다, 헤아리다
산 算 셈하다

➜ **네 가지 법칙을 이용한 계산**

혼합계산

$+-\times\div$가 섞여 있는 계산을 혼합계산이라고 해요. 혼합계산을 할 때 중요한 계산 순서에 대해서 알아볼까요?

① 괄호나 거듭제곱은 먼저 계산해요.
- 예 $5+(3-2)=5+1=6$
- 예 $2^2+3^2=4+9=13$

거듭제곱   1권 154쪽
같은 수나 를 여러 번 곱한 것.

② **같은 연산**이 섞여 있는 혼합계산은 **왼쪽부터** 계산해요.

덧셈과 뺄셈은 왼쪽부터 오른쪽으로 계산하는 것이 순서예요.

곱셈과 나눗셈도 왼쪽부터 오른쪽으로 계산해요.
- 예 $5+3-2=8-2=6$
- 예 $5\times6\div10=30\div10=3$

③ **다른 연산**이 섞여 있는 혼합계산에서는 **곱셈과 나눗셈을 먼저**하고, 덧셈과 뺄셈을 나중에 해요.
- 예 $5+3\times2=5+6=11$

곱셈을 먼저 계산하는 이유는 간단해요. 3×2는 3을 2번 더했다는 뜻이죠. 괄호를 생략한 거예요. 즉, $5+3\times2=5+(3+3)=11$과 같아요. 따라서 괄호부터 먼저 계산하는 원리로 곱셈과 나눗셈을 먼저 계산해야 합니다.

$$64\div4-(3\times5)=1$$
$$\underset{\text{② 16}}{\underline{\qquad}}\quad\underset{\text{① 15}}{\underline{\qquad}}$$
$$\underset{\text{③ 1}}{\underline{\qquad\qquad}}$$

① 괄호를 가장 먼저 계산
② 그다음 곱셈과 나눗셈을
③ 왼쪽부터 오른쪽으로

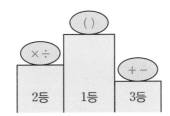

참고 혼합계산에서 괄호는 소괄호, 중괄호, 대괄호 3종류가 있어요.

계산 순서는 소괄호 → 중괄호 → 대괄호예요.

기호로는 ( ) → { } → [ ] 입니다.

8÷2(2+2)의 계산 결과는?

$$8 \div 2\,(2+2) = ?$$

혼합계산 순서의 중요성을 말하는 식이 논란이 된 적이 있어요.

의견 1 $8 \div 2(2+2) = 8 \div 2(4) = 8 \div 8 = 1$

의견 2 $8 \div 2(2+2) = 8 \div 2(4) = 8 \div 2 \times 4 = 4 \times 4 = 16$

여러분은 어느 쪽 의견이 맞다고 생각하나요? 수학자들 사이에서도 의견이 나뉘었다고 해요. 특히 나눗셈을 분수로 고쳐서 계산하면 의견 1 이 맞는 것 같거든요.

의견 1 $8 \div 2(2+2) = \dfrac{8}{2(2+2)} = \dfrac{8}{8} = 1$

이에 어느 수학 교수는 "표준 규칙은 곱셈과 나눗셈을 동등하게 보기 때문에 식을 풀 때는 왼쪽부터 계산하면 된다"며 "나눗셈을 먼저 하고 곱셈하면 정답은 16"이라고 말했어요. 혼합계산을 공부한 여러분도 의견 2 에 동의하나요?

**백쌤의
한마디**

혼합계산에서는 정해진 순서대로 계산하지 않으면 완전히 다른 답이 나옵니다. 간혹 고등학생 중에서 미적분학과 같은 어려운 문제를 해결하고도, 거의 답이 나오기 직전에 사칙계산의 순서를 적용하지 않아 어이없게 오답을 쓰는 학생이 있어요. 이런 일은 생각보다 자주 발생합니다. 그러니 중학생이 되기 전에 모든 수학의 기본이 되는 사칙계산의 순서를 확실하게 알아 두세요.

1 다음 혼합계산의 순서를 정하고 바르게 계산하세요.

$$12-\{5+2\times(-1)^2\}=$$

2 다음은 분수의 혼합계산을 마친 두 학생의 풀이예요. 옳게 계산한 학생을 선택하고,
그 이유를 설명하세요.

[우진]

$$\frac{4}{5}+2\times\frac{3}{4}$$

$$=\frac{4}{5}+\frac{3}{2}$$

$$=\frac{4\times2}{5\times2}+\frac{3\times5}{2\times5}$$

$$=\frac{8+15}{10}$$

$$=\frac{23}{10}=2\frac{3}{10}$$

[하윤]

$$\frac{4}{5}+2\times\frac{3}{4}$$

$$=\frac{4}{5}+\frac{10}{5}\times\frac{3}{4}$$

$$=\frac{4+10}{5}\times\frac{3}{4}$$

$$=\frac{14}{5}\times\frac{3}{4}$$

$$=\frac{21}{5}=2\frac{1}{10}$$

**힘센
정리**

❶ 덧셈, 뺄셈, 곱셈, 나눗셈을 사칙계산이라고 한다.

❷ 혼합계산 순서: ( ) ➡ ×, ÷ ➡ +, −

번분수식

번분수식에 대해 알고
번분수식을 계산할 수 있어요.

교과연계　∞ **초등** 분수와 소수　∞ **중등** 정수와 유리수

분모와 분자　1권 52쪽
분수에서 가로줄 아래에
있는 수나 식을 분모라
하고, 가로줄 위에 있는
수나 식을 분자라고 함.

한 줄 정리

분수의 **분자, 분모 중 적어도 하나가 분수**인 복잡한 분수식을 번분수식이라고 해요.

예시

$$\dfrac{\dfrac{d}{c}}{\dfrac{b}{a}}, \quad \dfrac{1}{1-\dfrac{1}{2}}$$

설명 더하기

번분수식은 **하나의 분수에 여러 개의 분수식이 복합적으로 들어 있다**는 뜻으로, 분수가 여러 '번' 나오는 '분'수식이라고 생각하면 돼요. 어렵게 생각할 필요는 없어요. 분수의 원리를 그대로 적용하면 되니까요.

문해력 UP!

번 繁　많다, 번성하다
분 分　나누다
수 數　세다, 계산하다
식 式　방식, 방법

➜ <u>분수가 많은 식</u>

번분수식을 계산하는 법

1. 나눗셈을 이용하자

$3 \div 5$를 분수식으로 나타내면 $\dfrac{3}{5}$이 돼요. $\dfrac{3}{5} = 3 \div 5$인 것처럼 분수의 비의 값은

(분자) ÷ (분모)와 같아요.

분모와 분자에 분수가 있다 하더라도 이 원리는 똑같이 적용됩니다.

$$\frac{\frac{3}{5}}{\frac{6}{7}} = \frac{3}{5} \div \frac{6}{7} = \frac{3}{5} \times \frac{7}{6} = \frac{7}{10}$$

2. 분모와 분자에 같은 수를 곱하는 방법(★ 추천)

분수에서 분모와 분자에 0이 아닌 같은 수를 곱하거나 나누어도 그 비의 값은 같아요. 이것을 동치분수라고 해요. 이 성질을 이용해서 분모와 분자에 5와 7의 최소공배수인 35를 곱해요.

동치분수　　1권 57쪽
분모도 분자도 다르지만
값은 같은 분수.

$$\frac{\frac{3}{5}}{\frac{6}{7}} = \frac{\frac{3}{5} \times 35}{\frac{6}{7} \times 35} = \frac{21}{30} = \frac{7}{10}$$

3. 공식을 이용하자

① 나눗셈을 이용한 방법으로 공식 유도

$$\frac{\frac{d}{c}}{\frac{b}{a}} = \frac{d}{c} \div \frac{b}{a} = \frac{d}{c} \times \frac{a}{b} = \frac{a \times d}{b \times c}$$

② '위아래 공식'을 이용하는 방법

$$\frac{\frac{d}{c}}{\frac{b}{a}} = \frac{a \times d}{b \times c} \begin{array}{l} \text{위} \\ \text{아래} \end{array}$$

(예)

$$\frac{\frac{3}{5}}{\frac{6}{7}} = \frac{7 \times 3}{6 \times 5} = \frac{7}{10}$$

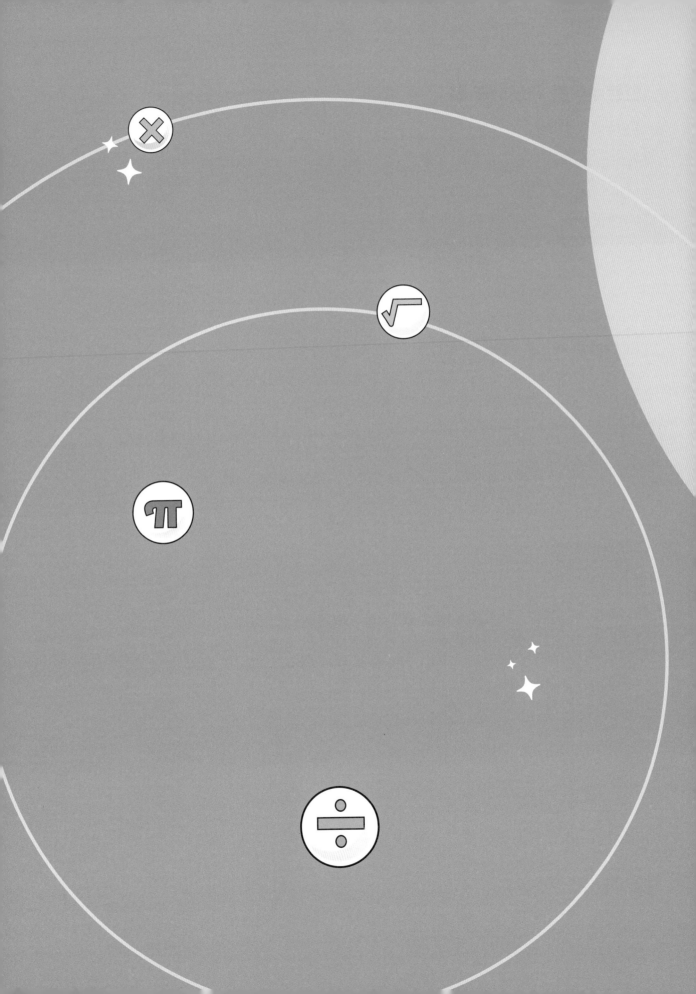

Chapter 2
비례식의 세계

최고의 요리사는 최상의 재료 조합
비율을 알고 있어요.
수학에서 최상의 비율은
바로 **황금비**예요.

01

비와 비율

비와 비율의 의미를
정확히 알 수 있어요.

교과연계 　∞ **초등** 비와 비율　　∞ **중등** 정수와 유리수, 일차방정식 활용, 삼각비

한 줄 정리

비는 **두 수의 양을 비교해 나타낸 것**이고
비율은 **변함없이 일정하게 유지되는 특별한 비의 값**을 말해요.

예시

[비]　 3 : 2
[비율] 3 : 2 비의 값은 $\frac{3}{2}$ 또는 1.5

설명 더하기

어떤 두 수를 비교하는 방법으로는 뺄셈을 이용해 차이를 구하는 방법이 있어요. 또는 두 양을
상대적으로 비교할 수도 있는데 그것이 바로 '비'를 이용하는 방법이에요. 예를 들어서 2 : 6은
"2 대 6"이라고 읽고, 두 양이 2와 6만큼 있다는 것을 수로 보여 주죠. 이때 2 : 6을 '2와 6의
비'라고 하고 6을 기준으로 2가 6의 $\frac{1}{3}$ 배에 해당하므로 여기에서 $\frac{1}{3}$ 이 바로 '비율'이에요.
처음에는 이 개념이 어려울 수 있으니 '~배'가 비율이라고 생각하세요. 비율과 비의 의미는 다
르지만, 그 결과의 값은 같기 때문에 거의 구별하지 않고 쓰기도 해요.

비 比　견주다, 비교하다　　　**→ 다른 수(양)에 견주어 비교한**
율 率　비율, 제한　　　　　　　　**어떤 수(양)의 비**

비의 의미와 읽는 방법

학교에서 두 팀이 티볼 게임을 했어요. A팀이 4점, B팀이 5점으로 게임이 끝났어요. 이때 A팀은 B팀에게 4 대 5로 졌다고 하고, B팀은 A팀을 5 대 4로 이겼다고 해요. 이것을 수식으로 나타낸 것이 바로 '비'예요. A팀 대 B팀의 점수의 비는 4 : 5이고, B팀 대 A팀의 점수의 비는 5 : 4예요.

A팀과 B팀의 점수의 비는 4 : 5

B팀과 A팀의 점수의 비는 5 : 4

비를 읽는 방법은 다양해요.

5 : 4 ┌ 5 대 4
      │ 5와 4의 비
      │ 5의 4에 대한 비
      └ 4에 대한 5의 비

4 : 5 ┌ 4 대 5
      │ 4와 5의 비
      │ 4의 5에 대한 비
      └ 5에 대한 4의 비

참고 분수를 약분할 수 있는 것과 같이 비도 간단히 자연수로 나타낼 수 있어요. 예를 들어서 6 : 2는 3 : 1과 같아요.

> **약분**   1권 126쪽
> 어떤 분수의 분모와 분자를 1을 제외한 공약수로 나누는 것.

5에 대한 4의 비를 비의 기호를 이용해서 나타내면 5 : 4일까요, 4 : 5일까요? 헷갈릴 수 있습니다. 이때 '~에 대한'은 대한민국이 한반도에서 남쪽(뒤쪽)에 있다고 생각하고 '~에 대한'을 뒤쪽에 쓰면 돼요. 어때요? 쉽죠?

백쌤의 한마디

5에 대한 4의 비

비율의 의미

두 수의 비를 분수 또는 소수를 이용해서 나타낼 수 있어요.

$$4 : 5 는 \frac{4}{5} \ 또는 \ 0.8$$

상수

: 변하지 않는 일정한
값을 가진 수를 말해요.

이때 $\frac{4}{5}(=0.8)$는 하나의 상수값이에요. 이렇게 변함없이 일정하게 유지되는 특별한 비의 값을 비율이라고 해요. 만약 A팀과 B팀의 점수의 비가 6 : 2라고 하면 6은 2의 3배가 돼요. 이때 3이 바로 비율이에요.

$$\underbrace{6 : 2}_{비} 는 6 \div 2 = \underbrace{\frac{6}{2}}_{비율} = \underbrace{3}_{비율} \ \text{(6은 2의 3배)} \ \underbrace{}_{비율}$$

사고력 UP

$2 : 0$으로 이겼다면 비의 값은 $2 : 0 = \frac{2}{0}$?

📖 **유리수** 1권 194쪽
분자, 분모(분모≠0)가
모두 정수인 분수로 나타
낼 수 있는 수.

유리수의 정의는 분수의 꼴로 나타낼 수 있는 수를 말해요. 이때 분모와 분자는 모두 정수인데 여기서 중요한 것이 바로 분모가 0이 아닌 정수라는 것이에요. 그러니 유리수의 정의대로 $\frac{2}{0}$는 분모가 0이므로 불능(불가능)인 수예요.

그런데 축구 경기에서 A팀이 2점, B팀이 0점이라면 우리는 흔히 A팀이 B팀을 2 : 0으로 이겼다고 이야기하곤 해요. 여기에서 이야기하는 2 대 0은 우리가 앞에서 배운 비의 기호인 쌍점(:)을 사용해서 2 : 0으로 쓸 수 있을까요? 네, 기호로는 얼마든지 쓸 수 있어요. 하지만 이것이 0에 대한 2의 비를 의미하는 것은 아닙니다.

즉, '몇 대 몇'이라고 해서 항상 비를 나타내는 것은 아니에요. 2 : 0은 0에 대한 2의 상대적인 비를 나타내는 의미가 아니라 단지 두 축구팀의 점수를 비교하기 위한 표현일 뿐이죠.

이렇게 2 : 0과 같은 일상생활 속 표현 때문에 비와 비율의 개념을 간혹 혼동하는 경우가 있어요. 비는 어떤 두 수나 양을 비교하기 위해 사용하는 것이에요. 비율은 이와 조금은 다르답니다. 비와 비율, 비의 값의 개념을 확실히 알아 두세요.

1 다음 빨간색 공과 파란색 공의 개수를 비로 나타내고 비율을 구하세요.

(1)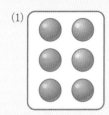

(2)

빨간 공과 파란 공의 비＝(   )　　빨간 공과 파란 공의 비＝(   )

빨간 공과 파란 공의 비율＝(   )　빨간 공과 파란 공의 비율＝(   )

2 다음 매실 주스 만드는 법을 잘 보고 빈칸을 채우세요.

> ## 매실 주스 레시피
>
> 준비: 매실 원액, 물, 종이컵, 얼음
>
> 1. 매실 원액: 종이컵 1컵
>
> 2. 물: 종이컵 5컵
>
> 3. 잘 섞은 뒤 얼음 넣기

매실 주스에서 매실 원액과 물의 비는 (   )이에요. 즉, 물에 대한 매실
원액의 비율은 (   )이에요.

**힘센
정리**

❶ 비는 두 수의 양을 비교해 나타낸 것.

❷ 비율은 일정하게 유지되는 비의 값.

❸ 비율은 비의 값을 분수 또는 소수로 나타낸 것.

02

비교하는 양과 기준량

비교하는 양과 기준량에 대해
정확히 알 수 있어요.

교과연계 🔗 **초등** 비와 비율 🔗 **중등** 정수와 유리수, 일차방정식 활용, 도형의 닮음

비   54쪽
두 수의 양을 비교해 나
타낸 것.

한 줄 정리

비에서 **앞에 오는 수**를 '비교하는 양', 뒤에 오는 수를 '기준량'이라고 해요.

예시

3 : 2
3 → 비교하는 양
2 → 기준량

설명 더하기

어떤 두 양을 비교하고 싶다면 비로 나타내면 돼요. 이때 비에서 기준이 되는 수를 **기준량**이라
고 하고 **쌍점(:) 오른쪽**에 써요. 이 기준량에 비교하고 싶은 양이 바로 **비교하는 양**이고 **쌍점
왼쪽**에 쓰죠. 즉, 비에서 앞에 오는 수를 '비교하는 양'이라고 하고, 뒤에 오는 수를 '기준량'이라
고 해요. 예를 들어 3 : 2에서 3은 비교하는 양이고, 2는 기준량이에요.

기 基 기초, 기본, 근본
준 準 표준, 기준, 법
량 量 양, 분량, 수량

→ 기본, 기준이 되는 양

비교하는 양과 기준량을 알아보자

밥을 할 때 물의 양에 대한 쌀 양의 비가 $11 : 20$이 되도록 준비해야 한다고 하면 쌀은 11컵, 물은 20컵을 준비하면 돼요. 기준량은 물의 양이고, 비교하는 양은 쌀의 양이에요. 그런데 쓸 때는 반대로 쓰죠? 혼동하면 안 돼요.

$$\underset{\text{비교하는 양}}{\underline{11}} : \underset{\text{기준량}}{\underline{20}}$$

[11:20을 비율로 나타내면]

비	비율	읽기
$11 : 20$	$\dfrac{11}{20}$ 또는 0.55	11 대 20 11과 20의 비 11의 20에 대한 비 20에 대한 11의 비

비율을 보면 비교하는 양과 기준량의 크기를 비교할 수 있어요.
비율이 1보다 크다는 것은 비교하는 양이 기준량보다 크다는 것이고, 비율이 1보다 작다는 것은 비교하는 양이 기준량보다 작다는 것을 알 수 있어요. 또한 비율이 1이라는 것은 비교하는 양과 기준량이 같다는 뜻이에요.

> **공식 쏙쏙**
>
> A : B의 비의 값
>
> $\dfrac{A}{B} > 1$이면 $A > B$
>
> $\dfrac{A}{B} = 1$이면 $A = B$
>
> $\dfrac{A}{B} < 1$이면 $A < B$

주어진 비율로 비교하는 양과 기준량을 구하자

가로와 세로의 길이가 각각 80센티미터, 60센티미터인 사진이 있어요. 그런데 이 사진의 크기를 $\dfrac{1}{4}$로 축소한다면 가로와 세로의 길이는 각각 몇 센티미터가 될까요? 그 값을 구하는 방법을 알아봅시다.

> **축소**
> : 모양이나 규모 따위를 줄여서 작게 하는 것이에요.

① 그림으로 구하기

가로의 길이 80센티미터를 그림으로 그려서 그중에 $\dfrac{1}{4}$을 구하면 20센티미터예요.

세로의 길이 60센티미터를 그림으로 그려서 그중에 $\dfrac{1}{4}$을 구하면 15센티미터예요.

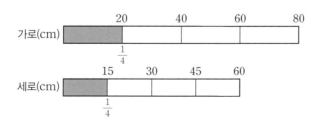

② 식으로 구하기

가로 80센티미터의 $\frac{1}{4}$은

$$80 \times \frac{1}{4} = 20 (\text{cm})$$

세로 60센티미터의 $\frac{1}{4}$은

$$60 \times \frac{1}{4} = 15 (\text{cm})$$

공식 쏙쏙

△의 $\frac{○}{★}$은

$△ \times \frac{○}{★}$

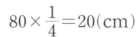

지도에 쓴 작은 숫자는 무엇일까?

조선 시대의 지리학자 김정호가 〈대동여지도〉를 어떻게 그렸는지 아시나요? 당시에는 지금처럼 GPS가 없었기 때문에 우리나라를 한눈에 볼 수 있는 지도가 없었어요. 그렇다면 김정호가 전국 방방곡곡을 두 발로 걸어 다니면서 지도를 만들었다는 말은 사실일까요?

그건 현실적으로 불가능해요. 기록에 따르면 김정호는 지방 곳곳을 다니면서 관청의 허가를 받아 행정용 지도를 모았다고 해요. 당시까지 행정·군사용으로 쓰던 지도는 군, 현 단위의 상세한 작은 지도가 대부분이었는데 김정호는 이것들을 엮어 큰 지도 하나를 만든 거예요. 덕분에 사람들은 한반도 전체 모양을 알 수 있게 되었죠.

지도를 그릴 때는 땅의 크기를 일정한 비율로 축소합니다. 실제 땅 크기만 한 종이에 그릴 수는 없으니까요. **실제 거리에 대한 지도에서의 거리 비율을 축척**이라고 해요. 기준량이 실제 거리이고, 비교하는 양이 지도에서의 거리예요. 예를 들어서 축척이 1 : 5000인 지도는 실제 거리 5000센티미터를 지도에서 1센티미터로 그렸다는 뜻이죠. 대동여지도의 축척은 대략 1 : 180000입니다. 요즘은 모든 지도의 오른쪽 위나 아래에 항상 작은 글씨로 지도의 축척을 표시한답니다.

축척＝(실제 거리에 대한 지도에서의 거리 비율)
　　＝$\dfrac{\text{지도에서의 거리}}{\text{실제 거리}}$

1 비교하는 양과 기준량을 찾아 쓰고, 비율을 구하세요.

비	비교하는 양	기준량	비율
12 : 14			
3에 대한 7의 비			

2 마을버스는 150킬로미터를 가는 데 2시간이 걸리고, 시내버스는 240킬로미터를 가는 데 3시간이 걸린다고 해요.

⑴ 각 버스의 '걸린 시간'에 대한 '달린 거리'의 비율을 구하세요.

공식 쏙쏙

속력 = $\dfrac{거리}{시간}$

⑵ 위에서 구한 '시간에 대한 거리의 비율'을 무엇이라고 하나요?

⑶ 마을버스와 시내버스 중에서 어느 버스가 더 빠른가요?

힘센 정리

❶ 비에서 앞에 오는 수는 '비교하는 양', 뒤에 오는 수는 '기준량'.
❷ 비율이 1일 때 비교하는 양과 기준량은 같다.
❸ 비교하는 양과 기준량을 이용해서 비율을 구할 수 있다.
❹ 주어진 비율을 이용해서 비교하는 양과 기준량을 구할 수 있다.

03

전항과 후항

전항과 후항의 의미를 이해하고
비의 성질을 알 수 있어요.

교과연계   ∞ **초등** 비와 비율   ∞ **중등** 도형의 닮음, 삼각비

한 줄 정리

비 2 : 5에서 2와 5를 비의 **항**이라 하고,
쌍점(:) 앞에 있는 2를 **전항**, 뒤에 있는 5를 후항이라고 해요.

예시

2 : 5
전항   후항
└──┬──┘
항

설명 더하기

비의 값

: 기준량이 1일 때의
비율을 말해요.

두 수 a, b의 비 $a : b$에서 a와 b를 '항'이라고 하고, 쌍점(:)을 기준으로 앞(왼쪽)에 있는 항을
'전항', 뒤(오른쪽)에 있는 항을 '후항'이라고 합니다. **전항과 후항에 0이 아닌 같은 수를 곱하거나 나누어도 그 비의 값은 변하지 않아요.**

전 前 앞   **항** 項 항목, 항   → 앞에 있는 항
뒤 後 뒤   **항** 項 항목, 항   → 뒤에 있는 항

비의 성질

① 전항과 후항에 0이 아닌 같은 수를 곱해도 그 비율은 같아요.

비 2 : 5는 전항과 후항에 각각 2를 곱하면 4 : 10이 되고, 3을 곱하면 6 : 15가 돼요.

2 : 5의 비율은 $\frac{2}{5}(=0.4)$이고, 4 : 10의 비율은 $\frac{4}{10}(=0.4)$, 6 : 15의 비율은

$\frac{6}{15}=\frac{2}{5}(=0.4)$예요.

이렇게 비의 전항과 후항에 0이 아닌 같은 수를 곱해도 비율은 같습니다. 이 성질은 비율이 분수로 표현되고 분수에서 분모와 분자에 0이 아닌 같은 수를 곱해도 그 값이 같다는 동치분수의 개념과 같아요.

동치분수　1권 57쪽
분모도 분자도 다르지만 값은 같은 분수.

② 전항과 후항을 0이 아닌 같은 수로 나눠도 그 비율은 같아요.

반대로 비 6 : 15에서 전항과 후항을 각각 3으로 나누면 2 : 5가 되는데 역시 비율이 같아요. 따라서 전항과 후항에 0이 아닌 같은 수로 나눠도 비율은 같습니다.

이 성질 역시 분수에서 분모와 분자를 0이 아닌 같은 수로 나눠도 그 값이 같다는 동치분수의 개념과 똑같은 거예요.

이 두 가지 성질을 이용하면 비의 값이 같은 비를 끝없이 만들 수 있어요.

$$2 : 5 = 4 : 10 = 6 : 15 = \cdots$$

분수나 소수의 비는 분모의 최소공배수나 10의 거듭제곱 수를 곱해서 간단한 자연수의 비로 만들면 두 양을 비교하기 더 쉬워요.

최소공배수　1권 142쪽
공배수 중에서 가장 작은 수.

[분수의 비] 분모의 최소공배수 곱하기

$$\frac{1}{5} : \frac{2}{3} = \frac{1}{5} \times 15 : \frac{2}{3} \times 15 = 3 : 10$$

거듭제곱　1권 154쪽
같은 수나 문자를 여러 번 곱한 것.

[소수의 비] 10의 거듭제곱 수 곱하기

$$1.4 : 1.5 = 1.4 \times 10 : 1.5 \times 10 = 14 : 15$$

비의 성질

$a : b$에서 (단 a, b, c는 0이 아닌 상수)

$$a : b = a \times c : b \times c$$
$$a : b = a \div c : b \div c$$

서로소   1권 146쪽
어떤 두 수의 공약수를
구했을 때, 공약수가 1뿐
인 두 수.

참고 두 수의 비를 구할 때는 두 수가 서로소가 될 때까지 간단하게 나타내야 해요.

사고력 UP — 자동차 속력으로 소요 시간 계산하는 법

어린이보호구역을 지나는 차는 시속 30킬로미터 이하로 천천히 지나가야 합니다. 이때 시속이란 시간에 대한 거리의 비율, 즉 자동차가 1시간 동안 갈 수 있는 거리를 뜻해요. 시속 30킬로미터 속력으로 일정하게 달리는 자동차는 1시간에 30킬로미터 거리를 갈 수 있다는 이야기죠!

비의 성질을 이용하면 자동차 속력으로 도착지까지 걸리는 소요 시간을 예상할 수 있습니다. 예를 들어 시속 60킬로미터로 일정하게 달리는 자동차가 240킬로미터 떨어진 곳까지 가기 위해서는 얼마의 시간이 필요할까요?

시속 60킬로미터를 비로 나타내면 1시간에 대한 거리가 60킬로미터이므로 60 : 1이에요. 가야 할 거리가 240킬로미터이므로 전항 60에 4를 곱하면 240이죠. 후항에도 똑같이 4를 곱하면 60 : 1 = 240 : 4예요. 240킬로미터를 가려면 4시간이 걸린다는 것을 알 수 있어요.

백쌤의 한마디

위의 내용과 같이 거리, 시간, 속력에 대한 문제는 중학교 수학 문제로 많이 출제되고 있어요. 거리, 시간, 속력에 대한 정의와 공식을 쉽게 외우는 방법은 그림으로 기억하는 거예요. **마우스 모양을 그리고 한 칸씩 '거, 속, 시(거~ 속 시원하다)'**라고 쓰세요. 지금부터 하나씩 순서대로 구하고자 하는 것을 손가락으로 가려 볼까요? 백쌤만의 팁! 일명 '손가락 히든법'이에요.

마우스 모양 그리기

거~속 시원

거리=속력×시간

속력= 거리/시간

시간= 거리/속력

1 다음은 분수나 소수의 비를 간단한 자연수의 비로 나타내는 과정이에요. 빈칸에 알맞은 수를 쓰세요.

(1) $2.4 : 0.12$

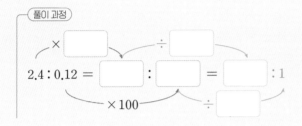

(2) $\dfrac{2}{5} : \dfrac{3}{7}$

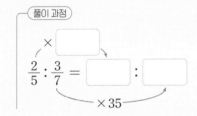

2 채희의 아버지는 딸기 농사를 짓는데 앞으로 일주일간 비가 오지 않는다는 일기예보를 보고 딸기밭에 줄 물을 미리 받아 놓으려고 해요. 1분에 40리터씩 나오는 수도 A와 2분에 30리터씩 나오는 수도 B를 동시에 틀어서 물 5500리터를 받는다면 시간이 얼마나 걸릴까요?

> 해결 과정
>
> 수도 A는 1분에 40리터씩, 수도 B는 2분에 30리터씩 나오므로 수도 B는 1분에 ( )리터씩 나오는 것과 같아요. 수도 A와 B를 동시에 틀면 1분 동안 통에 물을 ( )리터씩 받을 수 있어요. 전체 ( )리터를 받기 위해서는, ( )의 전항과 후항에 ( )을 곱하면 ( )이므로 ( )분이 걸려요.

힘센 정리

❶ 비 $a : b$에서 a, b는 항.
❷ 비 $a : b$에서 a는 전항, b는 후항.
❸ 전항과 후항에 0이 아닌 같은 수를 곱해도 그 비는 일정하다.
❹ 전항과 후항에 0이 아닌 같은 수로 나눠도 그 비는 일정하다.

04
비례식

 오늘 나는

비례식의 뜻과 성질을 알고
비례식을 풀 수 있어요.

교과연계 ∽ **초등** 비례식과 비례배분 ∽ **중등** 도형의 닮음, 삼각비

한 줄 정리

비의 관계를 식으로 나타낸 것을 비례식이라고 해요.

예시

$1:2=2:4$

설명 더하기

비의 값이 같은 두 비는 등호(=)를 사용해 하나의 식으로 나타낼 수 있어요. **비례는 한쪽의 양**
이나 수가 증가하는 만큼 그와 관련 있는 다른 쪽의 양이나 수도 증가한다는 것을 의미해요. 비
율에서 전항과 후항에 0이 아닌 같은 수를 곱하거나 나눠도 그 비의 값은 같다는 성질과 똑같
아요. 비율 $\frac{2}{3}=\frac{4}{6}$ 를 비례식으로 바꾸면 $2:3=4:6$입니다.

전항   62쪽
비에서 쌍점 앞에 있는 수.

후항   62쪽
비에서 쌍점 뒤에 있는 수.

 문해력 UP!

비 比   비교하다, 비율
례 例   규칙, 규정
식 式   방식, 방법

→ 두 수의 비가 같음을 나타내는 식

비례식을 풀자

비례식에서 모르는 항의 값을 찾는 것을 '비례식을 푼다'고 말해요. 가로와 세로의 비가 $2:3$인 직사각형에서 가로의 길이가 50센티미터이면 세로의 길이는 몇 센티미터인지 구하는 방법을 알아봅시다.

이 문제를 비례식으로 나타내면 $2:3=50:($ $)$

① 비의 성질을 이용해 푸는 방법

전항을 보면 2가 50이 되었어요. 25를 곱한 것이죠. 따라서 후항 3에도 25를 곱하면 ( )에 들어갈 수는 75라는 것을 알 수 있어요. 즉, 세로의 길이는 75센티미터가 되겠죠.

$$2:3=50:(\,75\,)$$
$$\overset{\times 25}{} \qquad \overset{\times 25}{}$$

② 비율을 분수로 고쳐 동치분수를 이용해 푸는 방법

$2:3=50:($ $)$을 분수로 고치면 $\dfrac{2}{3}=\dfrac{50}{(\quad)}$

분자 2가 50이 되려면 25를 곱했겠죠? 그렇다면 분모 3에도 똑같이 25를 곱해요.

$$\frac{2}{3}=\frac{2\times 25}{3\times 25}=\frac{50}{(75)}$$

옳은 비례식을 찾아보자

동일한 비례를 등비라고 해요. 예를 들어서 $3:4$와 $6:8$은 비율이 같아요. 이럴 경우에는 등호$(=)$를 사용할 수 있어요. 비례식 $3:4=6:8$로 쓸 수 있죠. 하지만 등비가 아닐 경우에는 등호를 사용할 수 없어요.

이때 비례식인 것처럼 보이지만 비례식이 아닌 경우가 있으니 주의해야 해요. 즉, 비율이 같지 않은데 등식으로 나타냈다고 해서 모두 비례식은 아니에요.

[옳은 비례식] $1:2=2:4$

[옳지 않은 비례식] $1:2=2:3$

TV 화면 크기의 비밀

TV 화면은 대부분 직사각형이에요. 직사각형은 가로와 세로의 길이를 이용해 넓이를 구할 수 있습니다. 그런데 어디에도 TV 화면의 가로와 세로의 길이가 몇 센티미터(cm)라거나 넓이가 몇 제곱센티미터(cm²)라는 표시가 없어요. TV 화면 크기는 대각선 길이를 인치(inch)로 환산해서 표기하기 때문입니다. 1인치＝2.54센티미터예요.

1인치는 2.54센티미터이니까 대각선 길이가 163센티미터면 약 65인치가 돼요. 즉, TV 크기가 10인치 커지면 대각선 길이도 약 25센티미터 길어지고, 같은 비율로 가로와 세로의 길이도 길어집니다.

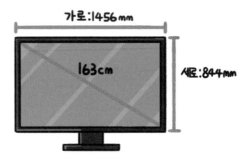

또한 TV 시청에 가장 적당한 거리는 TV 크기에 1.2를 곱한 값이라고 해요. 예를 들어 TV 크기가 189센티미터라면 권장 시청 거리는 약 2.3미터입니다. 우리 집 TV 화면은 몇 인치인지 계산하고, 적정 거리인지 확인해 보세요.

1 다음 중 옳은 비례식을 찾아서 ○표를 적으세요.

$3:7=6:10$

$2:5=6:9$

$3:4=12:16$

( )　　　　( )　　　　( )

2 TV 시청에 적당한 적정 거리는 TV 화면 크기에 따라 다릅니다. 25인치 TV는 1미터(m)
가 적정 거리라면, 30인치 TV의 적정 거리는 몇 미터일까요?

┌─ 해결 과정 ─

① 비례식을 만드세요.

② 비를 분수식으로 바꿔 구하세요.

③ 25인치 화면의 적정 거리가 1미터일 때, 1인치 화면의 적정 거리를 구하세요.

④ 다음 문장은 위의 ③번에서 구한 결과를 이용해서 30인치 화면의 적정 거리를 구하
는 과정이에요. ( ) 안에 알맞은 수를 쓰세요.

┌───
1인치 TV의 적정 거리가 ( )미터이므로 30인치 TV의 적정 거리는 ( )
미터이다.
└───

**힘센
정리**

❶ 비례식은 비의 관계를 식으로 나타낸 것.

❷ 비례는 한쪽의 양이나 수가 증가하는 만큼 그와 관련 있는 다른 쪽의 양이나 수도
증가한다는 것을 의미.

❸ 비례식을 풀 때는 비의 성질을 이용하거나 비율을 이용한다.

05

내항과 외항

 내항과 외항의 의미를 이해하고
비례식의 성질을 알 수 있어요.

교과연계   초등 비례식과 비례배분   중등 도형의 닮음, 삼각비

한 줄 정리

비례식의 **안쪽에 있는 두 항**을 내항이라고 하고,
바깥쪽에 있는 두 항을 외항이라고 해요.

예시

$$\overset{\text{외항}}{\boxed{}}$$

외항

2 : 3 = 10 : 15

내항

비율   54쪽
변함없이 일정하게 유지
되는 특별한 비의 값.

설명 더하기

비율이 같은 두 비는 등호(=)를 사용해 나타낼 수 있어요. 이러한 식을 비례식이라고 해요.
예를 들어 2 : 3의 전항과 후항에 5를 곱하면 10 : 15가 되고, 이 비의 값은 같아요. 이를 비례
식으로 나타내면 2 : 3 = 10 : 15가 되지요. 이 식에서 안쪽에 있는 두 항 3과 10이 내항이고,
바깥쪽에 있는 두 항 2와 15가 외항이에요.

내 内 안쪽   항 項 항목, 항   → 안쪽에 있는 항
외 外 바깥쪽   항 項 항목, 항   → 바깥쪽에 있는 항

비례식을 통해 비의 성질을 알아보자

비의 성질은 두 가지가 있어요. 전항과 후항에 0이 아닌 같은 수를 곱하거나 나눠도 그 비율은 같다는 것이죠. 이것을 식으로 나타낸 것이 바로 비례식이에요.

$$[\text{비례식}]\quad 1:2=2:4$$

위의 비례식에서 내항은 2와 2이고, 외항은 1과 4예요. 이때 내항의 곱은 $2\times2=4$ 이고, 외항의 곱은 $1\times4=4$예요. 즉, **비례식에서 내항의 곱은 외항의 곱과 같아요.**

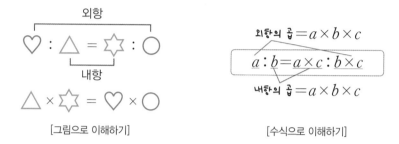

[그림으로 이해하기]　　　　　　　　[수식으로 이해하기]

비례식의 성질을 활용해 보자

비례식 $2:5=(\ \ ):7$의 괄호 안에 알맞은 수를 구하는 방법은 세 가지가 있어요.

① **전항과 후항에 0이 아닌 같은 수를 곱해도 그 비는 일정하다**는 성질을 활용

$$2:5=(\quad):7$$

후항 5에 $\dfrac{7}{5}$을 곱하면 7이 되므로 전항 2에도 $\dfrac{7}{5}$을 곱하면 $\dfrac{14}{5}$가 돼요.

② **두 비의 비율은 같다**는 성질을 활용

$2:5$는 $\dfrac{2}{5}$이고, $(\ \ ):7$은 $\dfrac{(\ \ )}{7}$이죠.

두 비의 비율은 같으므로 $\dfrac{2}{5}=\dfrac{(\ \ )}{7}$예요. 따라서 $(\ \ )=\dfrac{14}{5}$가 돼요.

③ **내항의 곱과 외항의 곱은 같다**는 성질을 활용

비례식 $2:5=(\ \ ):7$에서 내항은 5와 $(\ \ )$이고, 외항은 2와 7이에요.

내항의 곱과 외항의 곱은 같으므로 $5\times(\ \ )=2\times7$이고, 따라서 $(\ \ )=\dfrac{14}{5}$가 돼요.

참고 ①의 방법은 자연수인 경우에 유용하고, 보통은 ③의 방법을 활용해서 푸는 것이 편해요.

삼각비를 활용해 빌딩의 높이를 구하자!

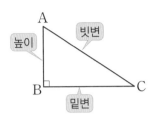

각의 크기가 같은 직각삼각형에서 세 변(밑변, 빗변, 높이)의 길이의 비는 일정해요.

높이 : 빗변 $\left(\dfrac{\text{높이}}{\text{빗변}}\right)$, 밑변 : 빗변 $\left(\dfrac{\text{밑변}}{\text{빗변}}\right)$,

높이 : 밑변 $\left(\dfrac{\text{높이}}{\text{밑변}}\right)$ 이 세 가지의 비율은 언제나 일정해요.

이렇게 **일정한 두 변의 길이의 비를 삼각비라고 합니다.**

만약 각의 크기가 같은 직각삼각형을 일정한 비율로 확대하거나 축소하면 어떨까요?

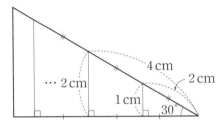

위의 그림과 같이 빗변이 2센티미터이고, 높이가 1센티미터인 직각삼각형을 빗변의 길이가 4센티미터가 되도록 하면 높이는 2센티미터가 돼요. '높이 : 빗변'의 비가 일정하기 때문이죠. 이렇게 닮은 도형을 활용하면 건물의 높이를 측정할 수 있어요.

닮은 도형

: 크기는 다르지만 모양은 같은 도형을 말해요.

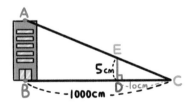

위의 그림에서 (선분 ED) : (선분 DC)＝(선분 AB) : (선분 BC)이에요. 이를 비례식으로 표현하면 선분 AB의 길이를 구할 수 있어요.

$$5 : 10 = (\text{선분 AB의 길이}) : 1000$$

내항의 곱은 외항의 곱과 같으므로 (선분 AB의 길이)＝500센티미터(＝5미터)가 돼요. 내항의 곱과 외항의 곱이 같다는 비례식의 성질을 이용하면 계산이 쉽죠!

이 방법은 피라미드나 에베레스트산처럼 매우 높은 것들의 높이를 측정할 때 사용하는 측량법 가운데 하나입니다. 그리스의 수학자 에라토스테네스는 이 원리를 활용해서 막대기 하나로 그림자의 길이를 이용하여 지구 둘레의 길이를 계산했어요. 그 수치는 오늘날 측정한 지구 둘레와 거의 비슷하다고 합니다.

1 다음 중 ○ 안에 들어갈 수가 가장 작은 것은 어떤 비례식일까요?

$$1:○=5:4$$
$$3:5=○:10$$
$$○:5=6:15$$

2 3분 동안 10리터의 물이 나오는 호스 A와 2분 동안 6리터의 물이 나오는 호스 B가 있어요. 두 호스를 동시에 틀어서 190리터의 통을 가득 채우기 위해서는 몇 분이 걸리는지 해결 과정을 잘 보고 ( )안에 알맞은 수를 쓰세요.

해결 과정

3분 동안 10리터의 물이 나오는 호스 A에서 1분 동안 나오는 물의 양을 구하는 비례식을 세우면 다음과 같아요.

$$3:10=1:(\quad)$$

2분 동안 6리터의 물이 나오는 호스 B에서 1분 동안 나오는 물의 양을 구하는 비례식을 세우면 다음과 같아요.

$$2:6=1:(\quad)$$

두 호스를 동시에 틀어서 1분 동안 나오는 물의 양은 ( )+( )=( )리터예요.
190리터 통을 가득 채우는 데 필요한 시간에 대한 비례식은 다음과 같아요.

$$1:\frac{19}{3}=(\quad):190$$

따라서 답은 ( )분이에요.

힘센
정리

❶ 비례식에서 안쪽에 있는 두 항을 내항, 바깥쪽에 있는 두 항을 외항이라고 한다.

❷ 비례식에서 내항의 곱과 외항의 곱은 같다.

❸ 내항의 곱과 외항의 곱이 같다는 성질을 활용해 비례식을 풀 수 있다.

06
비례배분

교과연계 ∞ **초등** 비례식과 비례배분 ∞ **중등** 도형의 닮음, 일차방정식 활용, 기본도형

배분

: 각자의 몫으로 나누는 것을 뜻해요.

한 줄 정리

어떤 수량을 주어진 비로 나누는 것(배분하는 것)을 비례배분이라고 해요.

예시

사과 10개를 두 사람이 3 : 2로 나누어 가지면 6개, 4개가 돼요

설명 더하기

전체를 주어진 비로 배분하는 것을 비례배분이라고 해요. 비례배분할 때는 분수의 개념을 활용하면 좋습니다. 즉, 주어진 비의 전항과 후항의 합을 분모로 하는 분수의 비로 고쳐서 계산하면 편리해요. 예를 들어 전체 20개를 3 : 2로 비례배분하는 방법은

$20 \times \dfrac{3}{3+2} = 12$, $20 \times \dfrac{2}{3+2} = 8$, 즉 20개를 12개와 8개로 배분하면

그 비가 3 : 2가 됩니다.

비 比 비교하다, 비율
례 例 규칙, 규정
배 配 나누다, 짝
분 分 나누다

→ 주어진 비로 나누는 것

비례배분, 어떻게 하지?

선분도라고 들어 봤나요? 1권에서 배운 수직선을 떠올려 보세요. 직선이 일정한 간격으로 나뉘어 있었죠. 선분도도 같아요. 선분이 일정한 간격으로 나뉘어 있습니다. 선분도를 잘 활용하면 비례식 문제를 쉽게 풀 수 있어요. 아래 두 문제를 여러 가지 방법으로 해결해 보세요.

직선
: 꺾이거나 굽은 데 없이 곧은 선을 말해요.

선분
: 직선 위의 서로 다른 두 점 A, B를 양끝으로 뻗은 선이에요.

[예제1] 형과 동생이 가진 돈의 비가 5:4인데 형이 가진 돈이 800원이라면 동생이 가진 돈은 얼마인가요?

① 선분도를 활용한 방법

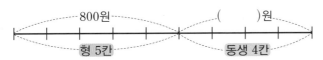

5칸이 800원이므로 1칸은 $800 \div 5 = 160$원이에요.
동생은 4칸이므로 가진 돈은 $160 \times 4 = 640$원이에요.

② 비례식을 활용한 방법

형과 동생이 가진 돈을 비례식으로 나타내면 $5:4 = 800:(\quad)$이에요.
내항의 곱은 외항의 곱과 같으므로 동생이 가진 돈은 640원이에요.

[예제2] 20센티미터인 리본으로 가로와 세로 길이의 비가 2:3인 직사각형을 만들 때, 가로와 세로의 길이를 구하세요.

① 선분도를 활용한 방법
리본의 길이가 직사각형의 둘레 길이와 같고, 직사각형의 둘레 길이가 20센티미터이므로 가로와 세로 길이의 합은 10센티미터예요.

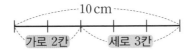

가로 2칸, 세로 3칸이 되도록 만들어요. 그러면 한 칸의 길이는 2센티미터가 되죠.
가로는 2칸이므로 $2 \times 2 = 4$(센티미터), 세로는 3칸이므로 $3 \times 2 = 6$(센티미터)이에요.
가로와 세로의 길이는 $4:6 = 2:3$이고, 가로와 세로의 길이의 합이 10센티미터이므로 둘레 길이는 20센티미터가 돼요.

② 비례배분을 활용한 방법

가로와 세로 길이의 합 10센티미터를 2 : 3으로 비례배분하면 가로 길이는 10센티미터의 $\dfrac{2}{2+3}$가 되고, 세로 길이는 10센티미터의 $\dfrac{3}{2+3}$이 돼요.

즉, 가로 길이 $= 10 \times \dfrac{2}{2+3} = 4$(센티미터), 세로 길이 $= 10 \times \dfrac{3}{2+3} = 6$(센티미터)예요.

$$전체 \times \dfrac{\bullet}{\bullet + \blacktriangle}, \ 전체 \times \dfrac{\blacktriangle}{\bullet + \blacktriangle}$$

[전체를 ● : ▲로 비례배분하기]

국회의원 비례대표제, 그게 뭐예요?

여러분이 학교에서 반장 선거할 때를 떠올려 보세요. 투표용지에 기호 1번 ○○○, 기호 2번 △△△… 여러 후보 중에 반장으로 뽑고 싶은 사람을 표시하죠. 그런데 이 제도에는 단점이 있어요. 예를 들어 기호 1번이 51퍼센트의 표를 얻어서 반장이 되었다고 하면 나머지 49퍼센트는 불만이 생길 수 있어요. 국회의원 비례대표제는 이런 단점을 보완하기 위해 만들어진 제도예요. 정당이 차지한 득표수에 비례하게 의석수를 배정받아 당선자를 결정하는 선거 제도죠. 비례대표제의 투표용지에는 사람 이름 대신 정당 이름만 있고, 유권자는 자신이 선호하는 정당에 투표합니다.

예를 들어 선거 결과 갑당 50퍼센트, 을당 30퍼센트, 병당 10퍼센트, 정당 7퍼센트, 무효 3퍼센트가 나왔다고 하면 모든 정당이 비율에 맞게 국회의원을 배출하는 거예요. 그럼 정당마다 다양하게 국민의 의견을 대변할 수 있겠죠? 민주주의의 꽃이라고 하는 선거를 잘 이해하고, 이다음에 꼭 투표하세요!

1 다음 네모 안의 숫자를 주어진 비로 비례배분하고 각각의 수를 쓰세요.

① | 36 | 4 : 5로 비례배분 하면 (,   )

② | 49 | 3 : 4로 비례배분 하면 (,   )

2 장미꽃 42송이를 두 꽃병에 나누어 꽂으려고 해요. A 꽃병과 B 꽃병에 1 : 5의 비로 꽃을 꽂으려고 하면 각각 몇 송이씩 꽂으면 될까요?

[A 꽃병]   [B 꽃병]

**힘센
정리**

❶ 전체를 주어진 비로 배분하는 것을 비례배분이라고 한다.

❷ 비례배분식

$$전체 \times \frac{●}{●+▲}, \quad 전체 \times \frac{▲}{●+▲}$$

07

백분율

 오늘 나는

백분율의 의미를 알고
비를 백분율로 나타낼 수 있어요.

교과연계 ∞ **초등** 비와 비율   ∞ **중등** 도수분포표, 확률, 일차방정식 활용

📖 **기준량**　　58쪽
비에서 뒤에 오는 수.

📖 **비교하는 양**　58쪽
비에서 앞에 오는 수.

📖 **비율**　　　54쪽
변함없이 일정하게 유지
되는 특별한 비의 값.

한 줄 정리

기준량을 **100**으로 할 때 **비교하는 양**의 **비율**을 백분율이라고 해요.

예시

$$\frac{32}{100} \rightarrow 32(\%)$$

설명 더하기

백분율은 비율을 나타내는 방법 가운데 하나예요. **분수나 소수는 기준량을 1로 했을 때의 비율**을 의미하고 **백분율은 기준량이 100일 때 비교하는 양의 비율**이에요. 두 비율을 비교할 때 기준량이 서로 다르면 정확한 비교가 어려워요. 그래서 기준량을 100으로 똑같게 만들면 두 비율을 쉽게 비교할 수 있어요. 백분율은 **비율에 100을 곱한 값에 퍼센트(%) 기호를 붙여서** 구할 수 있어요. 비율 $\frac{1}{4}$을 백분율로 나타내면 $\frac{1}{4} \times 100 = 25(\%)$예요.

 문해력 UP!

백 百　100
분 分　나누다, 구분하다　　→ 100을 기준으로 구분한 비율
률 率　비율, 비

비와 백분율

$$\text{비율} = \frac{\text{비교하는 양}}{\text{기준량}}, \quad \text{비교하는 양} = \text{기준량} \times \text{비율}, \quad \text{기준량} = \frac{\text{비교하는 양}}{\text{비율}}$$

이 세 가지 공식을 자유롭게 사용할 수 있어야 해요. 쉽게 외우는 팁으로 손가락 히든 법칙을 써볼까요? 일단 마우스를 그리고 칸에 '비, 기, 율'을 나눠 적으세요. 그리고 하나씩 순서대로 구하고자 하는 것을 손가락으로 가려요.

마우스 그리기   비기율

세 가지 공식을 정확히 알고, 문제에서 구하고자 하는 것이 무엇인지를 알아야 해요. 또한 소수나 분수의 비율에 100을 곱하면 백분율이 되고 백분율을 100으로 나누면 비율이 된다는 것도 명심하세요.

소수, 분수의 비율 $\xrightarrow{\times 100}$ 백분율(%) $\xrightarrow{\times \frac{1}{100}}$ 소수, 분수의 비율

괄호에 들어갈 수를 찾는 방법 1

> **( )명의 5%는 15명**

① 기준량, 비율, 비교하는 양이 무엇인지 찾아요.

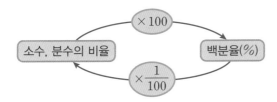

$$(\quad)\text{명의 } 5\% \text{는 } 15\text{명}$$

기준량 　 비율 　비교하는 양

(=0.05)

② 구하고자 하는 것이 기준량이므로 기준량에 대한 식을 세워요.

$$\text{기준량} = \frac{\text{비교하는 양}}{\text{비율}}$$

③ 위의 식에서 찾은 수들을 넣어서 ( )안의 수를 찾아요.

$$(\quad) = \frac{15}{0.05} = \frac{15 \times 100}{0.05 \times 100} = \frac{1500}{5} = 300$$

참고 식으로 바로 나타내는 방법

$$(\quad)\text{명의 } 5\% \text{는 } 15\text{명}$$
$$(\quad) \times \frac{5}{100} = 15$$

900원은 1800원의 ( )%

① 기준량, 비율, 비교하는 양이 무엇인지 찾아요.

900원은 1800원의 ( )%
비교하는 양   기준량   비율

② 구하고자 하는 것이 비율이므로 비율에 대한 식을 세워요.

$$비율 = \frac{비교하는 양}{기준량}$$

③ 위의 식에서 찾은 수들을 넣어서 ( )안의 수를 찾아요.

$$( ) = \frac{900}{1800} = \frac{1}{2} = \frac{50}{100}, \text{ 따라서 } 50\%$$

참고 식으로 바로 나타내는 방법

900원은 1800원의 ( )%

$$900 \quad = \quad 1800 \quad \times \quad \frac{( )}{100}$$

찍어서 정답을 맞힐 확률

여기 1번부터 5번의 선택지 중에서 하나를 고르는 객관식 문제가 있습니다. 찍어서 정답을 맞힐 확률은 얼마나 될까요? 선택지는 총 5개가 있고, 그중에 정답이 1개 있어요. 그래서 답을 맞힐 확률은 $\frac{1}{5}$이에요. 정답과 선택지의 비가 1 : 5가 되고 선택지에 대한 정답의 비율은 $\frac{1}{5}$입니다. 한 문제를 찍어서 답을 맞힐 확률이 20퍼센트라는 뜻이에요.

그럼 객관식 다섯 문제를 모두 맞힐 확률은 얼마일까요? 한 문제의 정답을 맞힐 확률이 $\frac{1}{5}$라고 했죠? 다섯 문제를 동시에 맞힐 확률은,

$$\frac{1}{5} \times \frac{1}{5} \times \frac{1}{5} \times \frac{1}{5} \times \frac{1}{5} = \frac{1}{3125}$$

그렇다면 열 문제를 모두 맞힐 수 있는 확률은,

$$\left(\frac{1}{5}\right)^{10} = \frac{1}{3125} \times \frac{1}{3125} = \frac{1}{9765625}$$

이 수는 백분율로 0.00001024퍼센트예요. 어때요? 아주 낮은 확률이죠?
찍지 않고 열 문제를 모두 맞힐 방법이 있습니다. 바로 실력을 쌓는 거예요. 누가 훔쳐 갈 수도 없고, 변하지도 않는 실력을 쌓는다면 자신감 있게 시험을 볼 수 있겠죠?

1 다음은 모둠의 대표를 뽑는 선거 결과 득표수를 나타낸 표예요. 빈칸을 채워 넣으세요.

단위(표)

후보	박시연	이시현	김희우	무효표
득표수	5	6	8	1

(1) 박시연의 득표율은 $\dfrac{5}{(\quad)} \times 100 = (\quad)\%$

(2) 득표율이 가장 높은 학생은 (　　)이고, (　　)%예요.

(3) 무효표는 $\dfrac{1}{(\quad)}$ 이므로 백분율로 나타내면 (　　)%예요.

2 두 개의 유리컵이 있어요. 첫 번째 유리컵엔 소금 60그램이 녹아 있는 소금물 500그램이 있고, 두 번째 유리컵엔 소금 80그램이 녹아 있는 소금물 800그램이 있어요. 이 두 소금물의 진하기를 백분율로 나타내고 비교하세요.

계산 과정

소금물의 진하기를 구하는 방법은 $\dfrac{\text{소금의 양}}{\text{소금물의 양}} \times 100(\%)$

첫 번째 유리컵의 소금물의 진하기는 $\dfrac{(\quad)}{(\quad)} \times 100 = (\quad)\%$

두 번째 유리컵의 소금물의 진하기는 $\dfrac{(\quad)}{(\quad)} \times 100 = (\quad)\%$

따라서 (　　)번째 유리컵의 소금물이 더 진해요.

힘센 정리

❶ 백분율은 기준량이 100일 때 비교하는 양의 비율.

❷ 백분율은 비율에 100을 곱한 값에 퍼센트(%) 기호를 붙여서 나타낸다.

❸ 백분율을 100으로 나누면 비율.

08

황금비

황금비가 무엇인지 알고
황금비를 찾을 수 있어요.

교과연계 ∞ **초등** 비와 비율 ∞ **중등** 도형의 닮음, 이차방정식

황금비 1권 102쪽
황금과 같이 보기에 가장
안정적이며 아름다운 비율.

한 줄 정리

한 선분을 두 부분으로 나눌 때 **전체에 대한 큰 부분의 비**와
큰 부분에 대한 작은 부분의 비를 같게 한 비를 **황금비**라고 해요.

예시

[황금비] 약 1:1.618

설명 더하기

황금비는 한 선분을 두 부분으로 나눌 때 (짧은 선분) : (긴 선분)＝(긴 선분) : {(긴 선분)＋(짧은 선분)}을 만족하는 선분의 분할에 대한 비를 말해요.

문해력 UP!

황 黃 누렇다, 황금
금 金 쇠, 금 　　　　➜ 황금 같은 비율
비 比 비율

황금분할이란

$1 : x = x : (1+x)$

내항의 곱은 외항의 곱과 같으므로,

$x \times x = 1 + x$

이때 긴 선분의 길이 x를 계산하면 1.618033989⋯으로 소수점 아래 숫자가 끝없이 계속되는 무한소수인데, 일반적으로는 소수 셋째 자리까지 나타낸 1 : 1.618을 황금비로 사용해요. 즉, 비례식을 만족하는 **1 : x의 비 1 : 1.618**을 황금비라고 합니다. 이와 같은 **비율로 선분을 나누는 것을 황금 분할**이라고 해요.

📖 **무한소수**　1권 100쪽
소수점 오른쪽의 숫자가
모두 0이 아닌 숫자로 무
한히 계속되는 소수.

정오각형 속 황금비를 찾아라

정오각형에서는 한 변의 길이와 대각선의 길이, 그리고 두 대각선에 의해서 나뉘는 길이 사이의 비가 황금비를 이룹니다.

그리고 정오각형에서 모든 대각선을 그으면 별이 만들어지고 그 별 안에 다시 정오각형이 만들어져요. 그러면 또 정오각형은 선분들이 황금비를 이루게 되죠. 그 정오각형 안에 또다시 별이 그려지고요. 오래전 피타고라스 학파에서도 이런 정오각형의 성질을 신비하게 생각하고 피타고라스 학파의 상징으로 사용했다고 합니다.

정오각형 속 황금비 그림은 중학교뿐만 아니라 고등학교 시험문제로도 자주 출제됩니다. 실제로 황금비를 구할 때는 이차방정식의 해를 구하는 방법을 알아야 하는데 중3 과정이므로 지금은 황금비가 무엇이고, 어떤 식에서 나온 것이며, 어느 부분과 어느 부분의 비가 황금비를 이루는지 정도만 알고 있으면 돼요.

**백쌤의
한마디**

황금사각형이 있다고?

색종이로 황금사각형을 만들어 봅시다.

① 색종이 한 장을 세로 2센티미터, 가로 4센티미터로 오려요(세로 : 가로＝1 : 2).

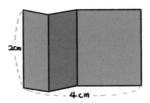

② 짧은 변을 한 변으로 하는 정사각형을 만들어요.

③ 앞에서 만든 정사각형을 다시 반으로 접어요.

④ 접은 정사각형의 반인 직사각형의 대각선을 접고 그림과 같이 대각선과 길이가 같은 점을 찍어 그 점을 긴 변으로 하는 직사각형을 만들어요.

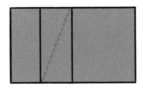

⑤ 대각선의 길이와 같은 간격으로 컴퍼스를 이용해서 그 길이를 표시해요.

 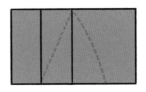

⑥ 컴퍼스가 표시된 부분을 자로 직선을 그어 가위로 오리면 세로 : 가로＝1 : 1.618인 황금 비를 갖는 사각형이 돼요.

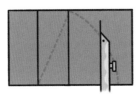 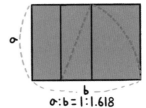

1 다음 중에서 황금비의 비율로 알맞은 것을 찾으세요.

① 1:1.414　② 2:3.618　③ 1:1.618　④ 1:2.618　⑤ 2:4

2 다음 식은 황금비를 설명하는 과정이에요. (　　)안에 알맞은 식을 쓰세요.

> 해결 과정

다음의 번분수식을 계산하려고 하는데 무한 반복되는 수예요.

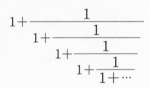

이 수를 x라고 해요.

$$1+\cfrac{1}{1+\cfrac{1}{1+\cfrac{1}{1+\cdots}}}=x$$

그럼 이런 식을 만들 수 있어요.

(　　　　　　)

위의 식에서 x를 구하기 위한 식은 황금비를 구할 때의 비례식을 푼 것과 같아요.

황금비를 구할 때의 비례식은 $1:x=x:(1+x)$예요.

비례식에서 내항의 곱=(　　　　　　)이므로 (　　　　　　)예요.

힘센 정리

❶ 황금비란 한 선분을 두 부분으로 나눌 때, 전체에 대한 큰 부분의 비와 큰 부분에 대한 작은 부분의 비를 같게 한 비.

❷ 황금비는 1:1.618

❸ 정오각형에서 선분 길이의 비는 황금비.

09
연비

연비가 무엇인지 알고
연비를 구할 수 있어요.

교과연계 ∞ **초등** 비와 비율, 비례식과 비례배분 ∞ **중등** 삼각형의 내각의 크기, 비례식

한 줄 정리

셋 이상의 수나 양을 비로 나타낸 것을 연비라고 해요.

예시

$3:4$와 $8:10$을 연비로 나타내면 $6:8:10$

설명 더하기

비   54쪽
두 수의 양을 비교해 나
타낸 것.

두 수나 양을 비교할 때 **비**를 사용해요. 두 수뿐만 아니라 세 수 이상의 수나 양도 비교할 수 있
는데 **쌍점(:)을 사용해** 비로 표현합니다. 이것을 '연비'라고 해요. 즉 연비는 셋 이상의 수나 양
을 비로 나타낸 것이지요.

비는 전항과 후항의 순서가 중요해요. 기준량과 비교하는 양의 순서를 바꾸어 쓰면 안 돼요. 연
비도 셋 이상 수의 비를 연달아 쓴 것이므로 **순서가 중요**하고, **분수로 표현할 수 없습니다.**

연 連 이어지다, 계속되다

비 比 비율, 비

→ 이어지는 (셋 이상) 수의 비

연비의 특징

삼각형 세 내각의 합은 $180°$예요. 삼각형 ABC가 있는데 세 내각의 비가 $1:2:3$ 이라면 $\angle A:\angle B:\angle C=1:2:3$임을 의미해요. 즉, 각의 크기의 비가 순서대로 $1:2:3$이라는 뜻입니다.

그럼 비례배분을 이용해서 $\angle A$의 크기를 구해 볼까요?

$$\angle A=180°\times\frac{1}{1+2+3}=30°$$

같은 방법으로 $\angle B$을 구해 볼게요.

$$\angle B=180°\times\frac{2}{1+2+3}=60°$$

$\angle C$의 크기는 같은 방법으로 비례배분해도 되고, 세 내각의 크기의 합은 $180°$라는 사실을 이용해서 $180°-30°-60°=90°$를 이용해서 구해도 됩니다.

그럼 세 내각의 크기의 비를 순서대로 쓰면 이렇게 되죠.

$$\angle A:\angle B:\angle C=30:60:90=1:2:3$$

연비를 쓸 때는 각도라 하더라도 단위($°$)를 쓰지 않아요. 각 사이의 비를 구하는 것이 기 때문이죠. 또한 연비의 각 항에 0이 아닌 같은 수를 곱하거나 나누어도 그 비는 일정해요.

연비를 구할 때 기억하세요!

① 연비는 순서가 중요해요.

② 단위를 쓰지 않아요.

③ 연비를 알면 전체 양을 이용해서 비례배분으로 각각의 양을 구할 수 있어요.

④ 각 항에 0이 아닌 수를 곱해도 그 비는 일정해요.

⑤ 각 항을 0이 아닌 수로 나누어도 그 비는 일정해요.

두 비를 이용해서 연비를 구하자

도서관에 비치된 역사책과 소설책의 비가 $2:3$이고, 소설책과 과학책의 비가 $6:7$이라고 해요. 역사책이 440권이라면 과학책은 몇 권인지 연비를 이용해서 구해 볼까요? 여기서 소설책은 공통 항이에요. 그러니 먼저 소설책의 비를 6으로 같게 만듭니다.

$$(역사책):(소설책):(과학책)=4:6:7$$

[역사책]　　　[소설책]　　　[과학책]

$$
\begin{array}{c}
\overset{\text{공통항}}{2 : 3} \\
6 : 7
\end{array}
\rightarrow
\begin{array}{c}
4 : 6 : \\
6 : 7 \\
\hline
4 : 6 : 7
\end{array}
$$

역사책이 440권이므로 역사책과 과학책의 비에 대한 비례식을 세우면,

$440 : (과학책) = 4 : 7$

따라서 과학책은 770권이에요.

삼각형 세 내각의 합은 180도(°)가 아닐 수도 있어요

혹시 여러분은 삼각형 세 내각의 합이 180도가 아니라고 생각한 적 있나요? 옛날 사람들은 지구가 직육면체라고 생각했습니다. 그 옛날에 어떤 사람이 막대기로 땅에 곧은 선을 그으며 지구를 한 바퀴 돌았다고 상상해 볼까요? 아마도 그 사람은 자신이 직선을 그렸다고 생각할 거예요. 하지만 우리가 보기에 그 사람이 그린 것은 직선이 아니라 원입니다. 왜냐하면 지구는 공처럼 둥글기 때문이죠.

그렇다면 오늘날 우리가 지구 표면에 삼각형을 그린다면 어떤 그림이 그려질까요? 먼저 세 직선을 그려요. 그 후 만나는 세 점을 이용해서 세 선분으로 둘러싸인 삼각형을 그리면 다음과 같아요.

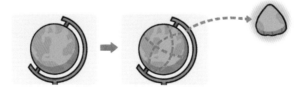

자, 어때요? 이렇게 보면 삼각형 세 내각의 합은 180도보다 크죠!

많은 사람이 $1+1=2$로 알고 있지만 수학에서는 전제조건이 매우 중요해요. 물 한 방울과 물 한 방울을 합하면 더 큰 물 한 방울이 되니까 $1+1=1$일 수도 있어요. 이처럼 삼각형 세 내각의 합이 180도라는 **명제**에도 '**평면에서**'라는 전제조건이 중요합니다.

명제

: 그 내용이 참인지 거짓인지를 명확하게 판별할 수 있는 문장이나 식을 말해요.

1 다음 두 비를 이용해서 연비를 구하세요.

⑴ A : B＝1 : 3, B : C＝9 : 2

┌ 풀이 과정

A : B : C → A : B : C
(   ):(   )   (   ):(   )
    (   ):(   )   (   ):(   )
───────────   ───────────────
                  (   ):(   ):(   )

⑵ A : B＝3 : 2, B : C＝3 : 4

┌ 풀이 과정

A : B : C → A : B : C
(   ):(   )   (   ):(   )
    (   ):(   )   (   ):(   )
───────────   ───────────────
                  (   ):(   ):(   )

2 아기 돼지 삼 형제에게 엄마 돼지가 과자 48개를 주면서 첫째, 둘째, 셋째가 4 : 3 : 1로 나누어 먹으라고 했어요. 각각 몇 개씩 나누면 될까요?

┌ 풀이 과정

첫째＝48 × $\dfrac{(\quad\quad)}{(\quad\quad\quad)}$ ＝

둘째＝48 × $\dfrac{(\quad\quad)}{(\quad\quad\quad)}$ ＝

셋째＝48 －(   )＋(   )

**힘센
정리**

❶ 셋 이상의 수나 양을 비로 나타낸 것을 연비라고 한다.
❷ 연비는 순서가 중요!
❸ 각 항에 0이 아닌 수를 곱해도 그 비는 일정하다.
❹ 각 항을 0이 아닌 수로 나눠도 그 비는 일정하다.

가비의 리

가비의 리가 성립하는
이유와 의미를 알 수 있어요.

교과연계 ∞ **초등** 비와 비율 ∞ **중등** 식의 계산 ∞ **고등** 유리식과 유리함수

한 줄 정리

두 쌍 이상의 수의 비가 서로 같을 때, 비를 더해도 그 비가 같다는 뜻이에요.

예시

$$\frac{1}{2} = \frac{2}{4} = \frac{3}{6} = \frac{1+2+3}{2+4+6}$$

설명 더하기

'가비의 리'는 **비를 더하는 법칙**이라고 할 수 있어요. 두 비가 같을 때 분자와 분모를 따로 더해
얻은 비 역시 처음 비와 같다는 법칙이에요.

$$\frac{a}{A} = \frac{b}{B} = \frac{c}{C} = \frac{a+b+c}{A+B+C}$$ (단, A, B, C, $A+B+C$는 0이 아닐 때)

'가비 원리'라고도 해요.

문해력 UP!

가 加 더하다
비 比 비율, 비
원 原 근본
리 理 이치, 법칙

→ 비를 더하는 법칙

가비의 리가 어떻게 생기죠?

$\dfrac{2}{3}=\dfrac{6}{9}$일 때 이 비의 값을 k(비례상수)라고 할게요.

$\dfrac{2}{3}=\dfrac{6}{9}=k$ 이제 이 식을 두 개로 나눠서 쓰세요.

비례상수

: 두 변수 x, y가 비례 관계에 있을 때 관계식을 $y=ax$라고 나타내면, 이때 변하지 않는 일정한 값 a를 말해요.

$\dfrac{2}{3}=k,\ \dfrac{6}{9}=k$

$3\times\dfrac{2}{3}=3\times k,\ 9\times\dfrac{6}{9}=9\times k$

즉, $2=3\times k,\ 6=9\times k$

그럼 다시 처음 식 $\dfrac{2}{3}=\dfrac{6}{9}$에서 분모끼리의 합과 분자끼리의 합을 쓰세요.

$$\dfrac{2+6}{3+9}$$

그다음 2와 6 대신에 $2=3\times k$, $6=9\times k$를 써요.

$$\dfrac{3\times k+9\times k}{3+9}=\dfrac{(3+9)\times k}{3+9}=k$$

결론, $\dfrac{2}{3}=\dfrac{6}{9}=k$이면 $\dfrac{2+6}{3+9}$도 k가 되어 그 비의 값이 같아요.

$\dfrac{a}{b}=\dfrac{c}{d}$이면 $\dfrac{a+c}{b+d}=\dfrac{a}{b}=\dfrac{c}{d}$ (단, 분모는 모두 0이 아니어야 해요.)

공식 쏙쏙

$\dfrac{a}{b}=\dfrac{c}{d}$이면

$\dfrac{a}{b}=\dfrac{c}{d}=\dfrac{a+c}{b+d}$

(단, 분모$\neq0$)

간혹 학생 중에 '가비의 리'에서 '가비'를 수학자 이름으로 생각하는 경우가 있어요. 가비의 한자 뜻을 잘 알면 시간이 지나도 가비의 리를 기억할 수 있어요. 말 속에 법칙이 담겨 있기 때문이에요.

백쌤의 한마디

힘센 정리

❶ 가비의 리는 비를 더하는 법칙.

❷ 가비의 리는 분모가 0이 아닌 경우에만 가능.

Chapter 3

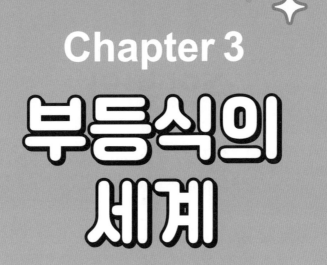

부등식의 세계

여러분은 만 12세 이상 관람 가능한
영화를 볼 수 있나요?
이렇듯 기준은 중요한 것이니 수의 범위를 이용한
기준을 잘 배워 봐요.

01
수의 범위

> 수의 범위를 이해하고
> 수직선에 나타낼 수 있어요.

오늘 나는

교과연계   ∞ **초등** 수의 범위와 어림하기   ∞ **중등** 부등식

한 줄 정리

얼마만큼인지 정해 놓은 수의 틀을 수의 범위라고 해요.

예시

이상, 이하, 초과, 미만

설명 더하기

무엇이 작은 수일까요? 대답하기 참 애매한 질문이죠? 누군가는 10을 작은 수라고 생각할 수 있고, 또 누군가는 1이 작은 수라고 생각할 수도 있으니까요. 그렇기 때문에 수의 범위를 나누는 기준은 정확해야 해요.

기준이 되는 어떤 수에 따라 정해진 수의 테두리를 수의 범위라고 해요. 예를 들어 놀이 공원에 가면 '키 110센티미터 이상 탑승 가능'이라는 표시를 볼 수 있어요. 고속도로에는 '규정 속도 시속 80킬로미터 이하' 같은 표지판이 있고요. 이렇듯 어떤 장소나 상황에서 이상, 이하, 초과, 미만과 같은 말과 수를 함께 써서 수의 범위를 나타내면 기준이 정확해져요.

문해력 UP!

범 範　법, 규범, 한계
위 圍　둘러싸다, 테두리

→ 일정하게 한정된 영역(테두리)

수의 범위를 확장하자

초등학교 때에는 자연수부터 분수, 소수까지 이 수의 범위 안에서 수학을 공부합니다. 중학교에 올라가면 음의 정수에 대해 배우면서 정수까지 수의 범위가 커지고, 나아가 무리수까지 배우게 돼요. 고등학교에 가면 실수가 아닌 복소수까지 배우고요. 이렇게 학년이 높아질수록 우리가 배우는 수의 범위도 확장됩니다.

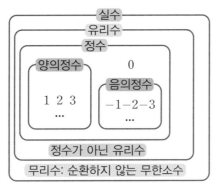

수의 체계 (수의 범위)

수의 범위를 수직선에 나타내자

수의 범위를 나타낼 때 기준이 되는 수 이상, 이하, 초과, 미만이라는 말을 사용해요. **이상과 이하는 기준이 되는 수를 포함하고, 초과와 미만은 포함하지 않아요.**
수직선에 표현할 때는 해당하는 수를 포함하는 경우에는 색칠해서 ●로 나타내고, 포함하지 않을 경우에는 색칠하지 않고 ○로 나타내요.

	이상	이하	초과	미만
수직선 표현	●—	—●	○—	—○

예를 들어 10 이상 15 미만의 범위를 수직선에 나타내면 다음과 같아요.

또는 아래와 같이 나타내기도 해요.

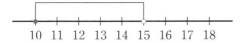

아이스크림 전문점의 비밀

다양한 맛의 아이스크림을 선택하면 직원이 중량에 맞게 담아 주는 아이스크림 전문점이 있어요. 다음은 아이스크림의 무게와 가격을 나타내는 표입니다.

크기	가격	맛	중량(컵 포함)	1 g당 가격
싱글 레귤러	3500원	1개	115(120)g	30.43원
싱글 킹	4300원	1개	145(150)g	29.66원
더블 주니어	4700원	2개	150(158)g	31.33원
더블 레귤러	6700원	2개	230(238)g	29.13원

더블 주니어는 아이스크림의 무게 150그램을 판매한다는 뜻이에요. 그런데 사람이 직접 아이스크림을 담기 때문에 150그램을 딱 맞추기는 쉽지 않죠. 그래서 매장에는 아이스크림의 무게를 재는 저울이 있는데 이 저울은 범위에 맞게 설정되어 있다고 해요. 더블 주니어는 150그램 이상 담아야 영수증이 프린트됩니다. 그러니 손님은 실제로 150그램보다 같거나 많이 가져가게 되죠. 가끔 "많이 주세요"라는 말을 들은 직원이 아이스크림을 더 담기도 합니다. 이건 손님에게 유리한 비밀이네요.

또한 1그램당 가격을 보면 적은 양의 아이스크림을 살 때보다 많은 양을 살 때 할인율이 더 큽니다. 그래서 손님은 고민 끝에 더 큰 크기의 아이스크림을 선택하는 경우가 많습니다. 이것은 아이스크림 회사의 판매 전략이에요. 이 비밀은 아이스크림 회사에게 유리한 비밀 같군요.

백쌤의 한마디

중고등학생이 되면 '부등식의 해'를 구하는 것을 배우게 돼요. 그런데 한 가지 부등식만이 아니라 **두세 가지 부등식을 동시에 만족시키는 해를 구하는 연립부등식**을 풀어야 해요. 이럴 때 수직선 위에 수의 범위를 그리면 여러 가지 부등식의 해가 구별이 잘 안 됩니다. 그럼 어떡하냐고요? 아래 그림처럼 수직선의 높이를 다르게 표시해 보세요!

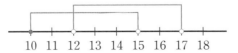

위의 수직선은 10 이상 15 미만인 수와 12 초과 17 미만인 수를 표현했어요. 이 둘을 동시에 만족하는 수는 12 초과 15 미만인 수네요.

1 다음의 수의 범위를 수직선에 표시하세요.

(1) 3 초과 6 미만인 수

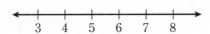

(2) 4 이상 7 미만인 수

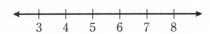

(3) 3 초과 7 미만이면서 5 이상 8 이하인 수

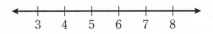

2 다음 안내문을 보고 물음에 답하세요.

> **1.** 키 120센티미터 이상인 사람만 이용 가능합니다.
> **2.** 키 120센티미터 미만인 사람은 보호자와 함께 탑승 시 이용할 수 있습니다.

키가 125센티미터인 석빈이와 석빈이보다 6센티미터 작은 석빈이 동생은 엄마, 아빠와 함께 놀이기구를 타려고 줄을 섰어요. 석빈이 동생이 가족 중에서 가장 먼저 타고 싶어서 맨 앞줄에 섰는데 그 앞에 석빈이 동생과 키가 같은 한 어린이가 서 있었어요. 이 놀이기구를 탈 수 있는 사람은 모두 몇 명일까요?

힘센 정리

❶ 기준이 되는 어떤 수에 따라 정해진 수의 테두리를 수의 범위라고 한다.

❷ 이상과 이하는 그 기준이 되는 수를 포함하고, 초과와 미만은 그 기준이 되는 수를 포함하지 않는다.

02
초과와 미만

초과와 미만의 뜻을 알고
범위 안의 자연수를 찾을 수 있어요.

교과연계 ∞ **초등** 수의 범위와 어림하기 ∞ **중등** 부등식

수의 범위 94쪽
얼마만큼인지 정해 놓은
수의 틀.

한 줄 정리

초과와 미만은 모두 **기준이 되는 수를 포함하지 않으면서**
각각 그 수보다 큰 수와 작은 수의 범위를 표현하는 말이에요.

예시

7 초과인 자연수는 8, 9, 10 …
7 미만인 자연수는 6, 5, 4 …

설명 더하기

초과와 미만은 기준이 되는 수를 포함하지 않아요. a 초과인 수는 a보다 큰 수이고, a 미만인
수는 a보다 작은 수를 말해요. 그런데 7 초과인 수, 즉 7보다 큰 수는 매우 많아요. 자연수 중에
는 8, 9, 10 …이고 소수까지 생각한다면 7.1, 7.01, 7.001 … 너무 많죠? 그래서 수직선
에 표현하면 7 초과인 수를 정확히 표현할 수 있어요. 이때 **초과나 미만에는 수직선 위에 동그**
라미를 색칠하지 않아요. 그 수는 포함하지 않는다는 의미죠.

문해력 UP!

초 超 뛰어넘다 　 **과** 過 지나치다 　 → 어떤 수를 뛰어넘음
미 未 아니다, 못하다 　 **만** 滿 가득하다 　 → 어떤 수를 넘지 못함

초과, 미만을 뜻하는 기호와 말

4는 2보다 커요. '4는 2보다 크다'라는 문장을 부등호를 사용해서 나타내면 $4 > 2$가 돼요. 그런데 이 문장을 거꾸로 표현하면 '2는 4보다 작다'는 말과 같아요.

4는 2보다 크다는 말은 '4는 2 초과'라고 하고, 2는 4보다 작다는 말은 '2는 4 미만'이라고 해요.

아래 x를 '어떤 수'라고 할게요. x를 설명하는 방법은 여러 가지가 있어요. 이는 수직선으로도 표현할 수 있습니다.

부등호   118쪽

두 수 또는 두 식이 같지 않다는 것을 나타내는 기호.

기호(부등호)	읽는 방법 1	읽는 방법 2	수직선 표현
$x > 2$	x는 2 초과	x는 2보다 크다	(2에서 오른쪽 화살표)
$x < 4$	x는 4 미만	x는 4보다 작다	(4에서 왼쪽 화살표)

자연수의 개수

2보다 크고 5보다 작은 자연수를 찾으면 3, 4예요. 부등호로 나타내면 $2 < x < 5$인 자연수 x는 3 또는 4라고 하면 돼요. 이것을 수직선에 나타내면 다음과 같아요.

자연수   1권 14쪽

1, 2, 3처럼 사물의 개수를 셀 때 쓰는 수.

따라서 ○ 초과 △ 미만(단, ○와 △는 자연수)인 자연수의 개수는 $(△ - ○ - 1)$개, $2 < x < 5$인 자연수의 개수는 $5 - 2 - 1 = 2$(개), 2보다 크고 5보다 작은 자연수들의 합을 구하면 $3 + 4 = 7$이에요.

공식 쏙쏙

○ 초과 △ 미만인 자연수의 개수는 $(△ - ○ - 1)$개.
(단, ○와 △는 자연수)

초당 옥수수의 '초당'

초당 옥수수를 먹어 본 적 있나요? 우리가 흔히 알고 있는 농산물 앞에 어떤 이름이 붙을 때는 그 농산물이 생산되는 지역명일 경우가 많죠. 예를 들어서 제주 감귤이나 나주 배는 제주도와 나주에서 생산된 감귤과 배라는 것을 알 수 있습니다. 그렇다면 초당 옥수수도 초당 지역에서 생산되는 옥수수를 뜻하는 것일까요? 그건 아니에요.

초당 옥수수의 '초당'은 일반 옥수수의 '당도(단맛)를 초과했다'는 뜻으로, 일반 옥수수보다 더 달고 맛있다는 의미라고 해요. 유전자 돌연변이를 일으켜서 신품종으로 개량된 옥수수입니다. 이렇게 초과나 미만은 수의 범위를 이야기할 때뿐 아니라 일상생활에서도 어떤 기준보다 많거나 적을 때도 사용한답니다.

참! 초당 두부는 '초당마을'이라는 지역 이름을 딴 두부가 맞습니다. 초당 두부도 달달함이 초과된 두부라고 생각하면 안 돼요.

백쌤의 한마디

초등학교 때 과도한 선행학습은 학습에 쓸 에너지를 초과해 씀으로써 오히려 전력을 다해야 할 중고등학교 시기에 쉽게 지치고 포기하게 만듭니다. 수학 공부뿐 아니라 다른 일을 할 때도 마찬가지예요. 지나치면 모자람만 못하다는 뜻의 과유불급이라는 말이 있잖아요. 무슨 일이든 초과하지도 말고, 모자라지도 않게 본인의 능력 안에서 최선을 다하길 바라요.

1 다음은 정후네 반 모둠 학생들의 수학 점수입니다. 물음에 답하세요.

이름	정후	지호	찬혁	서윤	성호
점수	84	88	92	82	96

(1) 수학 점수가 85점보다 높은 학생은 모두 몇 명인가요?

(2) 85점보다 높은 점수를 말할 때, 85점 (   )라고 해요.

(3) 수학 점수가 88점보다 낮은 학생은 누구인가요?

(4) 88점보다 낮은 점수를 말할 때, 88점 (   )이라고 해요.

2 다음 규칙에 맞는 수를 찾으세요.

> ┌─ <규칙> ─
> $N(\bigcirc, \triangle)$는 $\bigcirc$ 초과 $\triangle$ 미만인 자연수의 개수
> $S(\bigcirc, \triangle)$는 $\bigcirc$ 초과 $\triangle$ 미만인 자연수의 합
> 예 $N(3, 6)=2$, $S(3, 6)=4+5=9$

(1) $N(1, 5)+N(9, 20)=$

(2) $N(3, \triangle)=7$인 $\triangle =$

(3) $S(1, 11)-S(1, 9)=$

힘센 정리

❶ 초과와 미만은 기준이 되는 수를 포함하지 않는다.

❷ $\bigcirc$ 초과 $\triangle$ 미만인 자연수의 개수는 $(\triangle-\bigcirc-1)$개(단, $\bigcirc$와 $\triangle$는 자연수).

03
이상과 이하

오늘
나는

이상과 이하의 뜻을 알고
범위 안에 자연수를 찾을 수 있어요.

교과연계 ∞ **초등** 수의 범위와 어림하기 ∞ **중등** 부등식

수의 범위   94쪽
얼마만큼인지 정해 놓은
수의 틀.

한 줄 정리

이상과 이하는 모두 **기준이 되는 수를 포함하면서**
각각 그 수보다 큰 수와 작은 수의 범위를 표현하는 말이에요.

예시

7 이상인 자연수는 7, 8, 9 …
7 이하인 자연수는 7, 6, 5 …

설명 더하기

이상과 이하는 기준이 되는 숫자를 포함해요. 이상은 기준이 되는 숫자보다 같거나 큰 수, 이하는 기준이 되는 숫자보다 같거나 작은 수입니다. 예를 들어서 7 이상인 자연수는 7을 포함한 7, 8, 9 …이지만 그냥 7 이상인 수라고 하면 7, 7.1, 7.001 등 무한히 많아서 모두 쓸 수가 없어요. 그래서 초과, 미만과 같이 이상, 이하도 수직선을 이용해 표현할 수 있어요. 이때 수직선에서 기준점을 포함하기 때문에 수직선 위에 동그라미를 색칠해 나타내요.

문해력 UP!

이 以 부터   **상** 上 위   → 기준보다 위(많다)
이 以 부터   **하** 下 아래   → 기준보다 아래(적다)

이상, 이하를 뜻하는 기호와 말

아래 x를 '어떤 수'라고 할게요. x를 설명하는 방법은 여러 가지가 있어요. 수직선에도 표현할 수 있습니다.

기호(부등호)	읽는 방법 1	읽는 방법 2	읽는 방법 3	수직선 표현
$x \geq 2$	x는 2 이상	x는 2보다 크거나 같다	x는 2보다 작지 않다	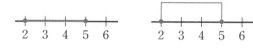
$x \leq 4$	x는 4 이하	x는 4보다 작거나 같다	x는 4보다 크지 않다	

자연수의 개수

2보다 크거나 같고, 5보다 작거나 같은 자연수는 2, 3, 4, 5예요. 부등호로 나타내면 $2 \leq x \leq 5$인 자연수 x는 2 또는 3 또는 4 또는 5라고 하면 돼요. 이것을 수직선에 나타내면 다음과 같아요.

자연수   1권 14쪽

1, 2, 3처럼 사물의 개수를 셀 때 쓰는 수.

따라서 ○ 이상 △ 이하인 자연수의 개수는 (△－○＋1)개예요(단, ○와 △는 자연수). 즉, $2 \leq x \leq 5$인 자연수의 개수는 $5 - 2 + 1 = 4$(개)

2보다 크거나 같고, 5보다 작거나 같은 자연수의 합은 14예요.

> ○와 △가 자연수일 때,
>
> ○ 초과 △ 미만인 자연수의 개수 : (△－○－1)개
>
> ○ 초과 △ 이하인 자연수의 개수 : (△－○)개
>
> ○ 이상 △ 미만인 자연수의 개수 : (△－○)개
>
> ○ 이상 △ 이하인 자연수의 개수 : (△－○＋1)개

비행기를 탈 때는 수하물 무게를 꼭 확인하세요!

휴대 수하물 안내

－고객이 기내로 가져갈 수 있는 수하물을 말합니다.

－허용 중량: 10kg 이하

－허용 규격: 세 변의 길이의 합이 115cm 미만

　　　　　　각 변의 길이는

　　　　　　가로 40cm, 세로 20cm, 높이 55cm 미만

*추가 허용 품목: 노트북 컴퓨터, 소형 서류가방

비행기를 탈 때 비행기 짐칸에 넣는 위탁 수하물과 비행기 안에 가지고 탈 수 있는 휴대 수하물은 각각 규격이 있어요. 그 이유는 비행기가 이착륙할 때 승객과 짐의 무게의 합이 중요한 요소가 되기 때문이에요. 그래서 공항에서는 늘 저울과 줄자로 짐을 확인하죠. 만약 여러분이 비행기를 타야 할 일이 있다면 항공사 규정을 미리 확인하고 그에 맞게 짐을 꾸리는 것이 좋습니다. 그렇지 않으면 공항에 짐을 두고 가야 하는 난처한 일을 겪을 수도 있어요.

위의 글을 보면 휴대 수하물 허용 중량은 10킬로그램 이하예요. 10킬로그램까지는 가능하다는 뜻이네요. 그런데 허용 규격은 가로 40센티미터 미만, 세로 20센티미터 미만, 높이 55센티미터 미만이에요. 가로는 40센티미터보다 작아야 하고, 세로는 20센티미터보다 작아야 하며, 높이는 55센티미터보다 작아야 한다는 뜻이죠.

일상생활 속에서 수의 범위를 표현할 때 이상, 이하, 초과, 미만은 자주 나오니까 정확한 뜻을 알아 두세요.

1 다음 중 41 이상 57 미만인 수는 모두 몇 개일까요?

| 32　40　45　46　38　44　55　57　41　42 |

2 다음은 학생들의 체력검사를 위한 1분 동안 윗몸일으키기 횟수에 따른 등급표입니다.
같은 등급을 받는 학생이 누구인지 찾으세요.

윗몸일으키기 횟수	등급
26회 이상 32회 미만	A
18회 이상 26회 미만	B
10회 이상 18회 미만	C
10회 미만	D

	경미	은지	정후	병준	채림
횟수	30	3	24	25	15

**힘센
정리**

❶ 이상은 기준이 되는 수보다 같거나 큰 수, 이하는 기준이 되는 수보다 같거나 작은 수.

❷ ○ 이상 △ 이하인 자연수의 개수는 (△－○＋1)개(단, ○와 △는 자연수).

04

올림, 버림, 반올림

올림, 버림, 반올림을 이해하고
수직선을 이용할 수 있어요.

교과연계 ∞ **초등** 수의 범위와 어림하기 ∞ **중등** 부등식

미만　　　　98쪽
기준이 되는 수를 포함하
지 않으면서 그 수보다
작은 수.

이상　　　　102쪽
기준이 되는 수보다 같거
나 큰 수.

한 줄 정리

올림은 구하려는 자리 **미만의 수를 올려서** 나타내는 방법.
버림은 구하려는 자리 **미만의 수를 버려서** 나타내는 방법.
반올림은 구하는 자리보다 한 자리 아래의 숫자가 **5 미만**일 때는 버리고,
5 이상일 때는 올리는 방법.

예시

설명 더하기

수를 어림하는 데에는 올림, 버림, 반올림 세 가지 방법이 있어요. 4600원짜리 물건을 1000원
짜리 지폐로 사려면 1000원짜리 5장을 내면 돼요. 이것이 바로 4600을 백의 자리에서 올림한
것이죠. 4600원을 1000원씩 나눈다면 4명에게 줄 수 있어요. 이것이 바로 4600을 백의 자리
에서 버림한 것이죠.

올림　　　　　　　　　→ 값을 많아지게 하다
버림　　　　　　　　　→ 떼어 없애다
반 半 절반 올림　　　　→ 절반(5)이상이면 올림

반올림하여 나타내자

먼저 구하려는 자리 바로 아래 자리 숫자를 확인해요. 5 미만인 0, 1, 2, 3, 4는 버림하고, 5 이상인 5, 6, 7, 8, 9는 올림해요.

① 수직선을 이용한 반올림

수직선을 이용해 47과 43은 50과 40 중에서 무엇과 더 가까운지 알 수 있어요.

47은 45보다 큰 수이므로 50에 더 가까워요.
47을 반올림해 십의 자리까지 나타내면 50이에요.

43은 45보다 작은 수이므로 40에 더 가까워요.
43을 반올림해 십의 자리까지 나타내면 40이에요.

$$47 \rightarrow 50 \qquad 43 \rightarrow 40$$

② 소수를 반올림하기

소수 1.5768을 반올림해 소수점 아래 첫째 자리까지 나타내기(소수점 아래 둘째 자리에서 반올림)

$$1.5768 \rightarrow 1.6$$

반올림하여 소수점 아래 둘째 자리까지 나타내기(소수점 아래 셋째 자리에서 반올림)

$$1.5768 \rightarrow 1.58$$

반올림하여 소수점 아래 셋째 자리까지 나타내기(소수점 아래 넷째 자리에서 반올림)

$$1.5768 \rightarrow 1.577$$

반올림 샵

피아노 악보를 보면 조표가 있는데 조표는 악곡의 조성을 나타내는 표로 반올림을 나타내는 샵(#) 기호와 반내림을 나타내는 플랫(♭) 기호가 있어요.

악보 맨 앞에 써서 곡 전체를 반올림할 수도 있고, 필요에 따라 곡 중간에 한 번씩 반올림이나 반내림하기도 해요. 복잡한 내용을 간단히 나타낸 기호는 기억해 두면 참 편리하죠.

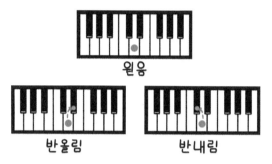

수학에도 반올림 기호가 있으면 좋겠다는 생각이 들어요. 예를 들어서 "32를 일의 자리에서 반올림하시오"라는 말을 기호로 만들면 $\wedge_1(32)$

반올림 기호 → $\wedge_1(32)$
반올림하는 자릿수 ┘   └ 반올림하려는 수

즉, $\wedge_1(32) = 30$으로 계산하면 되겠죠?

그럼 $\wedge_{10}(325)$은 325를 십의 자리에서 반올림하라는 뜻입니다.

$\wedge_{10}(325) = 300$이에요. 백쌤의 아이디어 어떤가요?

백쌤의 한마디

숫자는 인류 역사에서 추상적인 개념을 구체화하기 위해 만든 기호 중의 하나입니다. 문자를 사용해 수식으로 나타낸 것, 그것이 바로 수학이라는 학문이죠. 수학이 왜 만들어졌는지 조금은 이해할 수 있겠죠? 수학이 우리의 일상에 주는 편리함은 여러분이 상상하는 그 이상이랍니다.

1 오늘 하루 마트 입장객은 4678명이었어요. 마트 입장객 수를 어림하는 방법을 알아봅시다.

(1) 수직선을 이용해서 나타내세요.

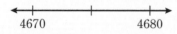

4670   4680

(2) 4678은 4670과 4680중에 (   )에 더 가까워요.

(3) 입장객에게 쇼핑백을 하나씩 나눠 준다면 대략 몇 개를 준비하면 될까요?

2 반올림해서 주어진 자리까지 나타내세요.

수	십의 자리	백의 자리	천의 자리
23789			

3 다음은 학생들의 몸무게를 기록한 표입니다. 생활기록부에는 반올림하여 소수점 아래 첫째 자리까지만 기록합니다. 표를 채우세요.

학생 이름	측정 몸무게(kg)	기록 몸무게(kg)
주원	47.89	
도현	59.74	
황조	64.55	
도영	53.36	
세현	55.89	

힘센 정리

❶ 올림은 구하려는 자리 미만의 수를 올려서 나타낸다.

❷ 버림은 구하려는 자리 미만의 수를 버려서 나타낸다.

❸ 반올림은 구하는 자리보다 한 자리 아래 숫자가 5 미만일 때는 버리고, 5 이상일 때는 올린다.

05
비교

 오늘 나는

기준의 중요성을 알고
수의 크기를 비교할 수 있어요.

교과연계 ∞ **초등** 수의 크기 비교 ∞ **중등** 부등식

한 줄 정리

두 개 이상의 사물을 견주어 보는 것을 비교라고 해요.

예시

크다·작다, 많다·적다, 무겁다·가볍다

설명 더하기

두 대상을 비교할 때는 일정한 기준이 필요합니다. 예를 들어서 단순히 사과 5개와 우유 200밀리리터(mL)를 비교한다면 여러분이 생각해도 애매해 보이죠? 사과 5개와 사과 7개를 개수를 기준으로 비교하면 7개가 더 많아요. 우유 200밀리리터와 우유 100밀리리터는 양을 기준으로 비교하면 100밀리리터가 더 적어요. 이렇게 비교에서는 기준이 중요해요. 수학에서는 대부분 '수의 크기'를 비교하지요. 어떤 수가 더 큰지 작은지 여러 가지 방법으로 비교할 수 있어요.

 문해력 UP!

비 比 나란히 두다
교 較 견주다, 서로 대어 보다

➔ (둘 이상을)
견주어 서로 대어 보다

수의 크기를 비교하는 방법

① 자연수의 크기 비교

한 개보다는 두 개가 양이 더 많아요. 이를 수로 나타내면 '1보다 2가 더 크다'예요.
수학 기호인 부등호를 사용해서 나타내면 1<2가 돼요.

수의 크기 비교를 읽는 방법도 여러 가지가 있어요. 우리말 문장에서 주어와 서술
어가 중요하듯 크기 비교에서도 주어가 중요해요.
1이 주어라면 1은 2보다 작다. (1은 2 미만)
2가 주어라면 2는 1보다 크다. (2는 1 초과)

② 수직선을 이용한 크기 비교

수직선은 양수와 0과 음수로 이루어져 있어요. 수직선에서 오른쪽으로 갈수록 큰
수예요.

양수 1권 172쪽
수직선에서 0보다 큰 수.

음수 1권 176쪽
수직선에서 0보다 작은
수.

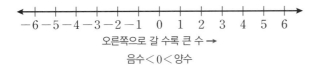

오른쪽으로 갈 수록 큰 수 ➡
음수<0<양수

4와 8은 수직선 위에서 8이 더 오른쪽에 있어요. 4<8
−3과 −5는 수직선 위에서 −3이 더 오른쪽에 있어요. −5 < −3

③ 자릿값을 이용한 크기 비교

자릿수가 다른 경우에는 자릿수가 많을수록 큰 수예요.

자릿수 1권 26쪽
수의 자리.

$$\underset{\text{(세 자릿수)}}{999} \quad < \quad \underset{\text{(네 자릿수)}}{1020}$$

자릿수가 같은 경우에는 높은 자리의 수부터 비교해요.

$$\underset{\text{(세 자릿수)}}{456} \quad < \quad \underset{\text{(세 자릿수)}}{457}$$

참고 분수와 소수의 크기 비교는 《수학의 문해력 1: 수의 세계》에서 자세히 설명하고 있어요.

행복지수

지수

: 어느 해의 수량을 기준으로 잡아 100으로 하고, 그것에 대한 다른 해의 수량을 비율로 나타낸 수치예요.

행복지수는 자신이 얼마나 행복한가를 스스로 측정하는 지수예요. 행복은 '생활에서 충분한 만족과 기쁨을 느끼어 흐뭇함 또는 그러한 상태'를 말합니다. 그런데 이런 주관적 감정을 어떻게 수치화하고 나라별 순위까지 정했을까요?

2022년 행복지수 높은 나라 순위

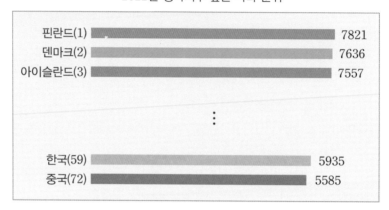

처음 행복지수 공식을 만든 영국의 심리학자는 오랜 연구 결과 행복에 영향을 주는 세 가지 요소가 있다고 보았습니다.

> 인생관, 적응력, 유연성 등 개인적 특성을 나타내는 P(personal)
> 건강, 돈, 인간관계 등 생존조건을 가리키는 E(existence)
> 야망, 자존심, 기대, 유머 등 고차원 상태를 의미하는 H(higher order)

위의 세 가지 요소 중에서 생존조건인 E는 개인적 특성인 P보다 5배 더 중요하고, 고차원 상태인 H는 P보다 3배 더 중요하다고 합니다. 그렇게 해서 (행복지수)=P+(5×E)+(3×H)라는 공식이 만들어졌어요. 그다음 각 나라의 국민을 대상으로 설문 자료를 모으고 이를 행복지수 공식에 대입해서 점수를 계산하는 거예요.

앗! 그런데 한국의 행복지수는 매우 낮은 편이네요. 수학 공부를 즐겁게 하면서 행복지수를 좀 높여 볼까요?

백쌤의 한마디

사람이 느끼는 감정은 주관적 기준과 설문 당시 본인이 처한 상황에 따라 달라집니다. 만약 여러분이 행복지수를 측정하는 날 수학시험에서 100점 받아 기분이 좋고 거기에 부모님께 칭찬과 용돈까지 받았다면 P, E, H가 모두 매우 높겠죠? 그런데 그 반대의 경우라면 어떨까요?

그러니 행복은 다른 대상과 비교하는 것 자체가 무의미해요. 비교는 수학에서 크기를 비교할 때처럼 기준이 명확할 때만 적용하세요. 행복은 절대 수치로 따질 수 없습니다.

1 괄호 안에 들어갈 말로 옳은 것에 동그라미하세요.

(1) 100센티미터 빨간색 끈과 1.2미터 파란색 끈 중에 빨간색 끈이 더 (길다 · 짧다)

(2) 20층짜리 건물 A가 15층짜리 건물 B보다 더 (높다 · 낮다)

(3) 모양과 크기가 같은 공을 3개씩 5번 A 상자에 담고, 4개씩 4번 B 상자에 담으면 A 상자 공의 개수가 B 상자보다 더 (많다 · 적다)

2 3456을 십의 자리에서 반올림한 수와 백의 자리에서 버림한 수 중에 어떤 수가 더 큰가요?

┌ 해결 과정 ┐

3456을 십의 자리에서 반올림한 수는 (   )

3456은 백의 자리에서 버림한 수는 (   )이므로 (   )이 더 큰 수예요.

3 다음 설명 중에서 옳은 것을 찾으세요.

① 0은 음수보다 작은 수예요.
② 올림한 수는 반올림한 수보다 항상 커요.
③ 5센티미터는 3센티미터보다 길어요.
④ 자릿수가 많을수록 큰 수예요.
⑤ 5는 −4보다 작은 수예요.

힘센 정리

❶ 두 대상을 비교할 때는 기준이 중요.
❷ 수의 크기를 비교할 때는 수직선 위 오른쪽으로 갈수록 큰 수.
❸ 자릿수가 다른 수는 자릿수가 많을수록 큰 수.
❹ 자릿수가 같은 경우의 수는 높은 자리의 수부터 비교한다.

113

06 대소관계

오늘 나는

대소관계의 뜻을 이해하고
무리수의 대소관계를 알 수 있어요.

교과연계   ∞ **초등** 수의 크기 비교   ∞ **중등** 실수, 부등식

한 줄 정리

두 수의 크고 작음의 관계를 파악하는 것을 대소관계라고 해요.

예시

$3 < 5$

설명 더하기

수의 대소관계는 어떤 수가 다른 어떤 수보다 더 크거나 작은지 서로의 관계를 파악하는 것이에요. 2와 3에서는 당연히 3이 더 큰 수임을 알 수 있어요. 그런데 a와 b의 대소관계를 비교하는 일은 어려울 거예요. 만약 $a - b > 0$이라는 가정이 있다면 a가 b보다 크다는 것을 알 수 있고, 이것은 **부등호**를 사용해서 $a > b$로 쓸 수 있어요.

부등호   118쪽
두 수 또는 두 식이 같지 않다는 것을 나타내는 기호.

문해력 UP!

대 大 크다
소 小 작다
관 關 관계
계 係 잇다

→ 크고 작음의 관계

무리수의 대소관계 확인 방법

유리수가 아닌 무리수의 대소관계는 어떻게 알 수 있을까요?

무리수   1권 198쪽

실수 중에서 유리수가 아닌 수. 분수로 나타낼 수 없다.

① 넓이를 이용하는 방법

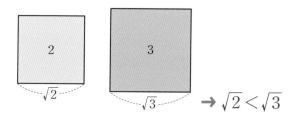

$\rightarrow \sqrt{2} < \sqrt{3}$

넓이가 넓을수록 한 변의 길이는 길어요. 넓이가 2와 3인 정사각형의 한 변의 길이는 각각 $\sqrt{2}$, $\sqrt{3}$이에요. 즉, $2 < 3$이므로 $\sqrt{2} < \sqrt{3}$입니다.

② 수직선을 이용하는 방법

수직선 위에서 오른쪽으로 갈수록 큰 수이므로 유리수뿐 아니라 무리수도 오른쪽으로 갈수록 큰 수예요.

> $a > 0$, $b > 0$일 때
> $a < b$이면 $\sqrt{a} < \sqrt{b}$
> $\sqrt{a} < \sqrt{b}$이면 $a < b$

③ 차(뺄셈)를 이용하는 방법

큰 수에서 작은 수를 빼면 결과는 양수, 작은 수에서 큰 수를 빼면 결과는 음수예요. 이것을 부등식으로 나타내면 다음과 같아요.

> $a - b > 0$이면 $a > b$
> $a - b < 0$이면 $a < b$
> $a - b = 0$이면 $a = b$

예를 들어 1과 $\sqrt{3} - 1$의 대소관계는 바로 알기 어렵죠? 이럴 때 두 수의 차를 구해 봐요.

$$1 - (\sqrt{3} - 1) = 1 - \sqrt{3} + 1 = 2 - \sqrt{3} > 0$$

따라서 $1 > \sqrt{3} - 1$라는 걸 알 수 있어요.

④ 제곱수를 이용하는 방법(유리수와 무리수의 대소관계)

4와 $\sqrt{12}$ 중에 어떤 수가 더 클까요? $4=\sqrt{16}$이므로 $\sqrt{16}>\sqrt{12}$예요.

따라서 $4>\sqrt{12}$입니다.

$\sqrt{12}$의 정수 부분이 얼마인지 알아보는 방법도 비슷해요.

$\sqrt{9}<\sqrt{12}<\sqrt{16}$, 즉 $3<\sqrt{12}<4$이므로 $\sqrt{12}$의 정수 부분은 3이에요.

⑤ 비(나눗셈)를 이용하는 방법

분수에서 분모보다 분자가 더 크면 그 수는 1보다 커요. 반대로 분자보다 분모가
더 크면 그 수는 1보다 작아요.

$$a>0,\ b>0일\ 때$$
$$\frac{a}{b}>1이면\ a>b$$
$$\frac{a}{b}<1이면\ a<b$$
$$\frac{a}{b}=1이면\ a=b$$

 수학에는 착시가 없어요.

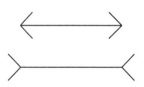

위의 두 선분 중에서 어느 것이 더 길까요? 사실 두 선분의 길이는 같습니다. 그런데 우리 눈
에는 아래 것이 더 길어 보이죠?

같은 선분의 길이가 왜 다르게 보이는 것일까요? 바로 화살표로 인한 착시 현상 때문입니다.
따라서 눈으로는 정확한 길이의 대소관계를 알 수 없어요. 자를 이용해서 길이를 재야 합니다.

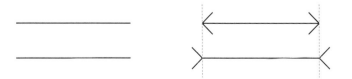

하지만 숫자를 이용하면 길이의 '길고 짧음'뿐만 아니라 수량의 '많고 적음', 크기의 '크고 작음'
등의 여러 기준에 따른 대소관계를 정확하게 표현할 수 있어요. 수학에는 착시가 없답니다.

1 다음 수직선 위에서 $1+\sqrt{5}$의 위치를 찾으세요.

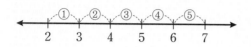

2 두 수의 차를 이용해 2와 $\sqrt{5}-1$의 대소관계를 파악하세요.

해결 과정

2와 $\sqrt{5}-1$의 차를 구하면 $2-(\sqrt{5}-1)=2-\sqrt{5}+1=($ $)-\sqrt{5}$

이 수는 0보다 ( ) 수예요. 따라서 2는 $\sqrt{5}-1$보다( ).

힘센 정리

❶ 두 수의 크고 작음의 관계를 파악하는 것을 대소관계라고 한다.

❷ 수직선을 이용해 대소관계를 알 수 있다.

❸ 두 수의 차를 이용하면 대소 비교 가능.

❹ 두 수의 비를 이용하면 대소 비교 가능.

117

07

부등호

부등호의 뜻을 알고
대소 비교에 부등호를 사용할 수 있어요.

교과연계　∞ **초등** 수의 크기 비교　∞ **중등** 부등식

식 　　　14쪽
기호를 사용해 수학적 관
계를 나타내는 것.

한 줄 정리

두 수(數) 또는 두 식(式)이 **같지 않다**는 것을 나타내는 **기호**를 부등호라고 해요.

예시

$>$, $<$, $\geq$, $\leq$, $\neq$

설명 더하기

등호($=$)는 **두 수 또는 두 식의 값이 같다**는 것을 나타내는 **기호**예요. 반대로 부등호는 두 수 또는 두 식의 값이 같지 않을 때 사용하는 기호로, 부등호의 종류는 크게 두 가지가 있어요. 대소 관계를 나타내는 부호 $<$, $>$, $\leq$, $\geq$와 같지 않다는 의미의 부호 $\neq$입니다. 즉, 부등호는 **등호가 아닌 부호**라고 생각하면 돼요.

문해력 UP!

부 不　아니다

등 等　같다, 차이가 없다　　➜ **같지 않음을 나타내는 기호**

호 號　이름, 기호

수학의 여러 가지 기호

+	−	×	÷	=
덧셈	뺄셈	곱셈	나눗셈	~는 ~와 같다
				/ 등호
하나의 수를 다른 수에 더할 것을 나타내는 기호. 그 결과는 합이다.	하나의 수를 다른 수에서 뺄 것을 나타내는 기호. 그 결과는 차이다.	하나의 수를 다른 수에 곱할 것을 나타내는 기호. 그 결과는 곱이다.	하나의 수(피제수)를 다른 수(제수)로 나눌 것을 나타내는 기호. 그 결과는 몫이다.	연산의 결과를 나타내는 기호.

연산 기호

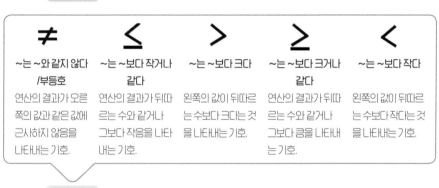

≠	≤	>	≥	<
~는 ~와 같지 않다	~는 ~보다 작거나 같다	~는 ~보다 크다	~는 ~보다 크거나 같다	~는 ~보다 작다
/부등호				
연산의 결과가 오른쪽의 값과 같은 값에 근사하지 않음을 나타내는 기호.	연산의 결과가 뒤따르는 수와 같거나 그보다 작음을 나타내는 기호.	왼쪽의 값이 뒤따르는 수보다 크다는 것을 나타내는 기호.	연산의 결과가 뒤따르는 수와 같거나 그보다 큼을 나타내는 기호.	왼쪽의 값이 뒤따르는 수보다 작다는 것을 나타내는 기호.

부등호

부등호를 사용하여 나타내기

$a>b$	$a\geq b$	$a<b$	$a\leq b$
a는 b보다 크다. a는 b 초과이다.	a는 b보다 크거나 같다. a는 b보다 작지 않다. a는 b 이상이다.	a는 b보다 작다. a는 b 미만이다.	a는 b보다 작거나 같다. a는 b보다 크지 않다. a는 b 이하이다.

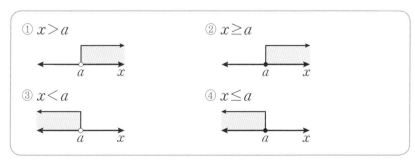

① $x>a$ ② $x\geq a$
③ $x<a$ ④ $x\leq a$

[부등식을 수직선에 나타내기]

이상한 나라의 수학자

영화 〈이상한 나라의 수학자〉는 탈북한 천재 수학자의 이야기를 담고 있습니다. 북한과 수학이라는 조금은 생소한 주제의 영화예요. 수학을 그냥 문제 풀이라고 여기는 우리나라 학생들에게 수학의 공부법에 대해 다시 한번 생각하게 하는 이야기입니다.

남북은 오랜 시간 분단되어 있다 보니 일상 언어뿐만 아니라 수학 언어도 우리나라와 많이 달라요. 예를 들어서 북한에서는 등호를 '같기 기호' 부등호를 '안 같기 기호'라고 합니다. 이름만 봐도 어떤 의미인지 알 수 있죠. 북한은 순우리말을 많이 사용하고 있어요. 이런 점은 우리가 본받아야겠습니다. 우리나라 수학이 어려운 이유는 '부등호'라는 한자어의 의미를 알고, 그것을 수학의 기호로 쓰고, 다시 한글로 해석해 이해해야 하므로 몇 번의 번역 작업이 필요하기 때문이에요.

한 번에 바꾸기는 어렵겠지만 우리나라에서도 순우리말 수학 용어가 늘어난다면 수학이 더욱 가깝게 느껴지지 않을까요?

 백쌤의 한마디

교과서에서 과거에 사용하던 부등호 $\leqq$, $\geqq$가 현재는 $\leq$, $\geq$ 이렇게 바뀌었으니 혼동하지 않도록 해요.

1 다음 문장을 부등호를 사용해 나타내세요.

(1) x는 5보다 크거나 같다.

(2) x는 -3 이상이고 9 미만이다.

2 다음 부등호를 사용하여 나타낸 식이 성립할 수 있게 안에 가능한 수를 모두 찾으세요.

$$23\boxed{}56 < 23654$$

3 동그라미 안에 알맞은 부등호를 쓰세요.

(1) $-3 \bigcirc 0$

(2) $\dfrac{5}{2} \bigcirc \dfrac{7}{3}$

(3) $1.5 \bigcirc -1.7$

힘센
정리

❶ 등호가 아닌 부호를 부등호라고 한다.

❷ 대소 관계를 나타내는 부등호는 $<$, $>$, $\leq$, $\geq$

❸ 같지 않다는 의미의 부등호는 $\neq$

08

부등식

부등식의 성질을 이용해서
부등식을 풀 수 있어요.

교과연계 ∞ **초등** 수의 크기 비교 ∞ **중등** 부등식

관계식 🔍

: 두 개 또는 그 이상의 양이나 문자 사이의 관계를 나타내는 식을 말해요.

한 줄 정리

두 수 또는 두 식을 부등호로 연결한 관계식을 부등식이라 해요.

예시

$2x-5 \leq 10$, $2 < 5$, $\dfrac{x-1}{2} \geq 0$

설명 더하기

엄밀히 말하면 부등식은 등식이 아닌 식으로 기호 $\neq$ 를 사용해서 나타낸 식입니다. 대소관계를 나타내는 기호인 $>$, $<$, $\geq$, $\leq$ 을 사용한 식은 '대소관계식'이라고 하는 것이 더 적절해 보여요. 하지만 수학에서 부등식은 둘을 합쳐 $>$, $<$, $\geq$, $\leq$, $\neq$ 을 사용한 식을 말해요.

대소 관계 114쪽
두 수의 크고 작음의 관계를 파악하는 것.

등식: $x-1=5$, $a=b$
등식이 아닌 식: $1 \neq 2$, $x-1 \neq 5$, $a < b$
부등식: $x-1 < 5$, $4 < 5$, $a < b$

문해력 UP!

부 不 아니다
등 等 같다, 차이가 없다   → 같지 않음을 나타내는 식
식 式 방식, 방법

부등식의 성질

부등식에서 **부등호를 기준으로 왼쪽에 있는 수나 식을 좌변**이라 하고 **오른쪽에 있는 수나 식을 우변**이라 해요. **좌변과 우변을 통틀어 양변**이라고 합니다.

[부등식]

① 부등식의 양변에 같은 수를 더하거나 빼도 부등호의 방향은 바뀌지 않아요.

→ $a<b$이면 $a+c<b+c$, $a-c<b-c$

② 부등식의 양변에 같은 양수를 곱하거나 나눠도 부등호의 방향은 바뀌지 않아요.

→ $a<b$, $c>0$이면 $ac<bc$, $\dfrac{a}{c}<\dfrac{b}{c}$

③ 부등식의 양변에 같은 **음수를 곱하거나 나누면 부등호의 방향은 바뀌어요.**

→ $a<b$, $c<0$이면 $ac>bc$, $\dfrac{a}{c}>\dfrac{b}{c}$

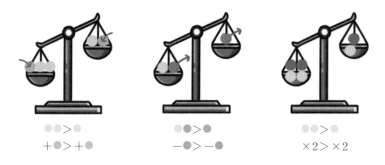

123

부등식, 이렇게 풀어요!

부등식의 성질을 이용해 아래 부등식에서 x의 범위를 구해 볼까요?

$$2 \times x - 5 > 13$$

같은 수를 더해도 부등호 방향 그대로

$$2 \times x - 5 + (+5) > 13 + (+5)$$

$$2 \times x > 18$$

$$\frac{2 \times x}{2} > \frac{18}{2}$$

같은 양수로 나누어도 부등호 방향 그대로

$$x > 9$$

참고 미지수 x를 포함한 부등식을 일차부등식이라고 해요. 미지수 x의 범위를 구하는 것을 '일차부등식을 푼다'고 합니다.

미지수 174쪽
값이 정해지지 않았거나 값을 알 수 없어 구해야 하는 수.

역수의 성질

$a < b$이면 $\frac{1}{a} > \frac{1}{b}$는 맞는 말(참)일까요? 틀린 말(거짓)일까요?

예를 들어서 $2 < 3$이면 $\frac{1}{2} > \frac{1}{3}$이므로 참이라고 한다면 잘못 생각한 거예요.

만약 $-2 < 3$이면 $-\frac{1}{2} < \frac{1}{3}$이 되죠. 또 $0 < 3$이면 역수 $\frac{1}{0}$ 조차 불가능해요.

수학에서는 이러한 예를 '반례'라고 합니다. 반례는 거짓이라는 것을 예를 들어서 보여 주는 것이죠. 반례만큼 정확한 건 없겠죠? 그리고 반례가 있다는 것은 당연히

$a < b$이면 $\frac{1}{a} > \frac{1}{b}$는 거짓이라는 것을 뜻해요.

그럼 참이 되도록 하기 위해서는 어떤 조건을 추가해야 하는지 볼게요.

$0 < a < b$이면 $\frac{1}{a} > \frac{1}{b}$ 또는 $a < b < 0$이면 $\frac{1}{a} > \frac{1}{b}$는 참이에요.

이렇게 수학에서는 조건이 중요하고, 조건을 만족하는 반례가 없는 경우에는 참이 되고 그 성질을 사용할 수 있어요.

124

대형 할인매장의 함정

요즘 인터넷 쇼핑몰이나 대형 할인매장에서 생필품을 구입하는 사람이 많다 보니 동네 슈퍼가 점점 없어지고 있어요. 대형 할인매장은 같은 브랜드의 같은 물건이라 하더라도 양을 많이 파니까 개당 가격으로 계산해 보면 동네 슈퍼보다 쌉니다. 또 인터넷 쇼핑몰은 가게 임대료나 인건비 등을 줄일 수 있으므로 가격이 저렴하죠. 그런데 언제나, 반드시 그럴까요? 예를 들어서 같은 브랜드의 부침가루 1킬로그램의 가격을 비교해 볼게요.

부침가루 가격 비교

동네 슈퍼	1kg 3000원
인터넷 쇼핑몰	1kg 2700원(단, 배송료 3000원)
대형할인매장	5kg 13000원(단, 교통비 2800원)

이번에는 필요한 무게에 따른 가격을 볼까요?

(단위: 원)

필요한 무게	1kg	5kg	10kg	15kg
동네 슈퍼	3000	15000	30000	45000
인터넷 쇼핑몰	5700	16500	30000	43500
대형할인매장	5400	15800	28800	41800

위의 계산표를 보면 부침가루가 5킬로그램 이하로 필요한 경우에는 동네 슈퍼에서 사는 것이 유리해요. 10킬로그램 이상부터는 대형 할인매장이 저렴하네요. 그렇다고 무조건 많이 사면 유통기한을 넘기는 식품이 집에 쌓일 테니, 상황에 맞게 구매하는 것이 좋겠어요.

1 다음 대화에서 사고 싶은 장미꽃 x송이에 대한 부등식을 만드세요.

> 우리 집 앞 꽃집에서는
> 장미 한 송이에 1500원이야.

> 화훼단지는 한 송이에 1300원인데
> 왕복교통비가 3000원이야.

> 그럼 몇 송이 이상 살 때,
> 화훼단지로 가는 것이 유리하지?

┌─ 해결 과정 ─────

장미꽃 x송이를 살 때 집 앞 꽃집에서는 (   )원이고, 화훼단지에

서는 (   )원이에요.

화훼단지가 더 유리하므로 부등식으로 나타내면 (   )

2 다음 중 부등식의 성질 중 옳은 것을 찾으세요.

> ㄱ. 양변에 같은 수를 더하거나 빼도 부등호의 방향은 바뀌지 않아요.
>
> ㄴ. 양변을 같은 수로 나누어도 부등호의 방향은 바뀌지 않아요.
>
> ㄷ. $a < b$이면 $\dfrac{1}{a} > \dfrac{1}{b}$가 성립해요.

힘센
정리

❶ 부등식은 부등호를 사용해 나타낸 식.

❷ 부등식의 양변에 같은 수를 더하거나 빼도 부등호의 방향은 바뀌지 않는다.

❸ 부등식의 양변에 같은 양수를 곱하거나 나눠도 부등호의 방향은 바뀌지 않는다.

❹ 부등식의 양변에 같은 음수를 곱하거나 나누면 부등호의 방향은 바뀐다.

절댓값 기호를 포함한 부등식

절댓값을 포함한 부등식을
풀 수 있어요.

교과연계 🔗 **초등** 수의 크기 비교 🔗 **중등** 부등식

한 줄 정리

절댓값 기호를 포함하고 있는 부등식을 말해요.

예시

$|x-1|<5$

설명 더하기

절댓값 기호는 **수직선에서 두 점 사이의 거리를 표현하는 데 사용**할 수 있어요. 수직선에서 1
과 4 사이의 거리는 $|1-4|$이고 1과 5 사이의 거리는 $|1-5|$예요. 1과 4 사이의 거리보다
1과 5 사이의 거리가 더 커요. 이것을 식으로 나타내면 $|1-4|<|1-5|$입니다.
미지수 x와 절댓값 기호를 포함한 일차부등식은 절댓값의 성질을 이용하거나 미지수의 범위를
나눠서 **일차부등식을 풀 수 있어요. 일차부등식을 푼다는 것은 조건을 만족하는 x의 범위를
구할 수 있다는 뜻이에요.**

일차부등식
: 미지수의 가장 높은
차수의 항이 일차인
부등식이에요.

절 絕 끊다, 없다
대 對 대하다, 만나다 　→ 어떤 경우에도 변하지 않는 값
값

수직선을 이용한 풀이

① $|x| < a$ (단, a는 양수)

원점에서부터 거리가 a인 수는 $+a$와 $-a$가 있어요. 따라서 a보다 작은 수들이 속한 범위를 수직선에 표시하면 다음과 같아요.

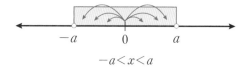

$$-a < x < a$$

같은 방법으로 $|x| \leq a$ (단, a는 양수)인 x의 범위는 $-a \leq x \leq a$

② $|x| > a$ (단, a는 양수)

원점에서부터 거리가 a보다 큰 수들이 속한 범위를 수직선에 표시하면 다음과 같아요.

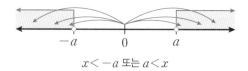

$$x < -a \ \text{또는} \ a < x$$

같은 방법으로 $|x| \geq a$ (단, a는 양수)인 x의 범위는 $x \leq -a$ 또는 $a \leq x$

범위를 나눈 풀이

① $|x| < a$ (단, a는 양수)

   i) $x \geq 0$이면 $|x| = x$이므로 $x < a$

     따라서 공통된 범위는 $0 \leq x < a$

   ii) $x < 0$이면 $|x| = -x$이므로 $-x < a$, 즉 $x > -a$

     따라서 공통된 범위는 $-a < x < 0$

   i) 또는 ii)에 따라 해는 $-a < x < a$

② $|x| > a$ (단, a는 양수)

    i) $x \geq 0$이면 $|x| = x$이므로 $x > a$

      따라서 공통된 범위는 $x > a$

    ii) $x < 0$이면 $|x| = -x$이므로 $-x > a$, 즉 $x < -a$

      따라서 공통된 범위는 $x < -a$

    i) 또는 ii)에 따라 해는 $x < -a$ 또는 $a < x$

절댓값 안의 식이 복잡한 경우

절댓값 안에 x만 있는 것이 아닌 경우에는 어떻게 푸는지 알아봐요.

절댓값 안에 식이 있어도 같은 방법으로 부등식을 풀 수 있어요.

$|x| < a$ (단, a는 양수)일 때, $-a < x < a$를 이용해서

$|x + b| < a$ (단, a는 양수)일 때, $-a < x + b < a$로 풀어요.

㉠ 부등식 $|x - 2| < 3$를 풀어 봐요.

$|x - 2| < 3$일 때, $-3 < x - 2 < 3$이고, 각각에 2를 더하면

$-3 + 2 < x - 2 + 2 < 3 + 2$

    $-1 <$ x < 5

즉, $|x - 2| < 3$를 만족하는 x의 범위는 $-1 < x < 5$

**힘센
정리**

❶ 절댓값을 포함한 부등식은 수직선을 이용해서 풀 수 있다.

❷ 절댓값을 포함한 부등식은 절댓값 안의 범위를 나눠서 풀 수 있다.

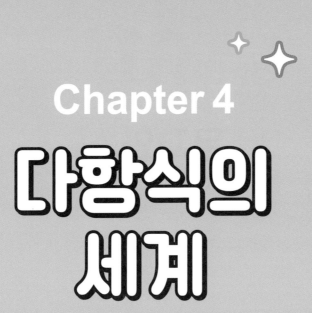

Chapter 4

다항식의 세계

a, b, c가 영어로 보이나요?
이제부터 이것이 식으로
보이기 시작할 거예요.

01

문자와 식

오늘 나는

문자를 식으로 나타내는 방법과
규칙을 알 수 있어요.

교과연계 ∞ **중등** 문자와 식

한 줄 정리

문자를 사용해 수량 사이의 관계를 식으로 나타낼 수 있어요.

예시

1개에 500원 하는 지우개 a개의 가격: 500(원) $\times a$(개)

설명 더하기

중학생이 되면 문자를 사용해서 나타내는 식을 배웁니다. **문자를 사용한 식을 문자식이라고 하**는데요. 문자식을 통해 **여러 가지로 변하는 수량이나 수량 사이의 관계를 간단히 나타낼 수 있어요.**

예를 들어서 자연수 1, 2, 3…은 간단히 n(n은 자연수)이라고 쓸 수 있어요. 그럼 짝수 2, 4, 6…은 $(2 \times n)$, 홀수 1, 3, 5…는 $(2 \times n - 1)$로 바꾸어 쓸 수 있죠. 이처럼 식을 일반화할 수 있다는 것은 수학의 큰 장점이에요.

문해력UP!

문 文 문장, 글
자 字 글자   → 문자를 사용해 나타낸 식
식 式 방식, 방법

문자식의 규칙

녹색불일 때는 건너고 빨간불일 때는 멈춰야 하는 신호등처럼 우리의 일상에는 규칙이 있습니다. 그리고 수학에서 문자를 사용해 식으로 나타낼 때에도 몇 가지 규칙이 있어요. 규칙을 정해 놓은 이유는 문자를 사용해 수량을 식으로 간단하게 나타내기 위해서입니다. 문자를 사용한 식이 수를 사용한 식보다 오히려 복잡하거나, 사람마다 식을 쓰는 방식이 다르다면 굳이 식에 문자를 사용할 이유가 없으니까요. 따라서 아래의 약속을 잘 기억해야 해요.

① 수와 문자, 문자와 문자 사이의 곱에서 **곱셈 기호(×)는 생략**해요.

   (예) $2 \times a = 2a$, $a \times b \times c = abc$

   주의! 수와 수의 곱에서 곱셈 기호는 생략하면 안 돼요.

   (예) $3 \times 5 \neq 35$

② 수와 문자의 곱에서 **수를 문자 앞**에 써요. 단, **1은 생략**할 수 있어요.

   (예) $a \times 3 \times b = 3ab$, $a \times 1 = a$

   주의! (-1)에서 음의 부호$(-)$는 생략하면 안 돼요.

   (예) $(-1) \times a = -a$

③ 서로 다른 문자의 곱은 **알파벳 순서**로 적고, 같은 문자는 거듭제곱의 꼴로 써요.

   (예) $b \times c \times a = abc$, $a \times a \times a \times b = a^3 b$

④ **나눗셈은 곱셈으로** 바꿔서 역수로 만들어요.

   (예) $x \div 3 = x \times \dfrac{1}{3} = \dfrac{1}{3}x$ 또는 $\dfrac{x}{3}$

[나눗셈과 곱셈이 같이 나오는 식]

$$a \div b \div c = a \times \frac{1}{b} \times \frac{1}{c} = \frac{a}{bc}$$

$$a \div b \times c = a \times \frac{1}{b} \times c = \frac{ac}{b}$$

$$a \times b \div c = a \times b \times \frac{1}{c} = \frac{ab}{c}$$

외우기 TIP!
나뒤모 ➡ 나누기
뒤에 있는 문자나
수는 분모로!

---

⑤ 괄호로 되어 있는 식은 그대로 두어요(분배법칙을 이용해야 해요).

   (예) $3 \times (a+b) = 3(a+b)$, $3 \div (2+x) \times (-1) = -\dfrac{3}{2+x}$

주의!

$0.1 \times a \neq 0.a$
$0.1 \times a = 0.1a$

거듭제곱   1권 154쪽
같은 수나 문자를 여러 번 곱한 것.

역수   1권 130쪽
어떤 수가 0이 아닌 수일 때, 그 어떤 수와 곱하여 1이 되는 수.

문자를 사용한 여러 가지 식

① 도형에서 둘레의 길이와 넓이

	삼각형	직사각형	사다리꼴	평행사변형	마름모
넓이	(밑변)×(높이)÷2	(가로)×(세로)	(아랫변＋윗변)×(높이)÷2	(밑변)×(높이)	(두 대각선의 곱)÷2
둘레의 길이	세 변의 길이 합	(가로＋세로)×2	네 변의 길이의 합	(이웃한 두 변의 길이 합)×2	(한 변의 길이)×4

② 원가, 정가, 판매가, 이익

예를 들어 배추 한 포기를 생산하는 데 1000원이 들었어요. 판매자는 가격을 2000원으로 정했는데, 팔리지 않았죠. 어쩔 수 없이 500원을 할인해서 팔았어요. 결국 판매자는 500원의 이익을 얻었습니다. 이때 쓰는 용어를 자세히 알아볼까요?

원가: 상품의 원래 가격 (예 배추 한 포기는 1000원)
정가: 판매를 위해 정한 가격 (예 배추 한 포기 정가는 2000원)
판매가: 실제로 판매한 가격 (예 2000원에서 500원 할인한 판매가는 1500원)
이익: 판매가 – 원가 (예 1500원－1000원＝500원이므로 이익은 500원)

③ 소금물의 농도(진하기)

5퍼센트 소금물 100그램과 10퍼센트 소금물 100그램이 있어요. 어떤 소금물이 더 짤까요? 바로 10퍼센트 소금물이에요. 농도는 전체 소금물 안에 소금이 얼마큼 녹아 있는지에 대한 비율을 백분율로 나타낸 거예요. 즉, 10퍼센트 소금물에 소금이 더 많이 녹아 있다는 뜻이지요.

$$소금물의\ 농도 = \frac{소금의\ 양}{소금물의\ 양(소금＋물)} \times 100(\%)$$

$$소금의\ 양 = \frac{농도}{100} \times 소금물의\ 양$$

수익률의 함정

여러분은 은행이나 금융상품의 수익률이 어떻게 계산되는지 아시나요? 백분율을 배운 학생이라면 1억 원에 대한 20퍼센트의 금액이 얼마인지 계산할 수 있겠죠? 1억 원에 대한 20퍼센트는 2000만 원입니다. 그럼 1억 원을 금융상품에 투자했을 때 20퍼센트의 수익이 난 후에 다시 20퍼센트의 손실을 봤다면 남은 돈은 얼마일까요?

대부분 사람은 처음 그대로 1억 원이라고 생각할 거예요. 반대로 20퍼센트의 손실을 본 후에 다시 20퍼센트의 수익이 났다고 해도 그대로 1억 원이 남았다고 생각하기도 하죠. 그러나 절대 그렇지 않습니다.

처음 1억 원에서 20퍼센트의 이익을 얻은 후의 전체 금액은 1억 2000만 원입니다. 1억 2000만 원에 대한 20퍼센트는 2400만 원이지요. 그러니 손해가 큰 것이고요. 반대로 1억 원에서 20퍼센트인 2000만 원 손해를 보면 전체 금액은 8000만 원이 됩니다. 8000만 원에 대한 20퍼센트는 1600만 원이니 결국 처음 1억 원보다 적은 돈이 되는 거예요.

그러니 수익률에 대한 수치에 집중할 것이 아니라 원금이 얼마가 되느냐는 것을 아는 것이 더 중요합니다.

**백쌤의
한마디**

수학에서 자주 사용하는 문자들은 정해져 있어요. 잘 알아 두면 문제에서 왜 그 문자를 사용했는지 이해하면서 적용할 수 있어요. 쌤이 미리 알려줄게요.

의 미	영어 단어	수학에서 사용하는 문자
물건의 개수	number	n
자연수	natural number	n
시간	time	t
거리	distance	d
속력	velocity	v
길이	length	l
무게	weight	w
부피	volume	V
넓이	surface	S
높이	height	h
반지름	radius	r
시간 / 분 / 초	hour / minute / second	h / m / s

1 다음 표는 어느 게임에서 칼 한 자루와 활 한 자루를 만드는 데 필요한 철과 아연의 개수를 나타낸 것이에요. 물음에 답하세요.

아이템	철	아연
칼 한 자루	5개	2개
활 한 자루	3개	1개

⑴ 칼 a 자루를 만드는 데 필요한 철과 아연의 개수를 각각 식으로 나타내세요.

⑵ 활 b 자루를 만드는 데 필요한 철과 아연의 개수를 각각 식으로 나타내세요.

⑶ 칼 a 자루와 활 b 자루를 만드는 데 필요한 철의 개수를 식으로 나타내세요.

⑷ 칼 a 자루와 활 b 자루를 만드는 데 필요한 아연의 개수를 식으로 나타내세요.

2 승우는 인터넷 쇼핑몰에서 옷을 판매하는 인플루언서예요. 원가 18000원짜리 옷을 50벌 주문해서 1벌에 x원씩 40벌을 팔았다고 하면 이익은 얼마나 되는지 문자를 사용한 식으로 나타내세요.

풀이 과정

1벌의 원가: (   )원

50벌의 원가: (   )원

1벌의 판매가: (   )원

40벌의 판매가: (   )원

이익＝(40벌의 판매가)－(50벌의 원가)＝(   )원

힘센 정리

❶ 문자식은 수량 사이의 관계를 식으로 나타낸 것.
❷ 수와 문자, 문자와 문자 사이 곱하기 기호는 생략 가능.
❸ 나눗셈은 곱셈으로 고쳐서 역수로 만든다.
❹ 수는 문자 앞에 쓰고, 같은 문자는 거듭제곱으로 다른 문자는 알파벳 순서로 쓴다.
❺ 문자 앞에 1은 생략 가능, －1에서 음의 부호는 생략 불가.

02

항, 상수항, 계수, 차수

 오늘 나는

단항식과 다항식에 쓰이는
여러 가지 용어를 알 수 있어요.

교과연계 ∞ **중등** 문자와 식

한 줄 정리

항	식에서 수 또는 문자의 곱으로만 이루어진 것.	상수항	수로만 이루어진 항.
계수	수와 문자의 곱으로 이루어진 항에서 문자 앞에 곱해진 수.	차수	항에서 문자가 곱해진 개수.
다항식의 차수	다항식에서 차수가 가장 높은 항의 차수.		

예시

x의 계수 y의 계수 상수항

$$3x \ + \ 2y \ + \ 6 : 일차식$$

항

설명 더하기

식 $4x^2+2x-5$에서 $4x^2$, $2x$, -5를 각각 '항'이라고 하며, 수로만 이루어진 항 5를 '상수항'이라고 해요. 또한 문자 앞에 곱해진 수를 '계수'라고 합니다. 그러므로 x^2의 계수는 4, x의 계수는 2죠.

각각의 항에서 곱해진 문자의 개수를 '차수'라고 하는데 $4x^2$에서 x가 2번 곱해졌으므로 차수는 2가 되어서 $4x^2$는 '이차항'이라고 해요. $2x$는 x에 대한 '일차항'이에요. **가장 높은 차수로 그 식의 이름을 정하는데**, 여기서는 이차항이 '최고차항'이므로 '이차식'이라고 합니다.

최고차항

: 다항식에서 차수가 가장 높은 항을 말해요.

 문해력 UP!

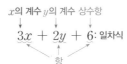

상 常 항상, 늘
수 數 수, 숫자, 계산   → 항상 수로만 이루어진 항
항 項 항목, 항

항과 상수항을 쉽게 이해하는 법

수나 문자의 곱 또는 문자들끼리의 곱으로 이루어진 것을 '항'이라고 해요. 조금 헷갈릴 수 있습니다. 이해하기 쉬운 방법으로 함께 항을 찾아봅시다.

① 항아리로 항 찾기

먼저 작은 항아리를 떠올려 보세요. 다음 식을 보고 각각의 항을 항아리 안에 하나씩 넣어요.

$$0.1x + 4y - 5$$

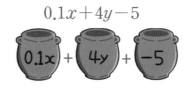

항이 세 개이니 항아리도 세 개가 필요하겠네요.

이 중에서 **숫자로만 된 항** -5가 상수항이에요. 각각의 항에 이름을 붙여요.

$0.1x$는 x에 대한 일차항, $4y$는 y에 대한 일차항, -5는 상수항이에요.

주의! 음수인 항에서는 그 부호도 함께 말해야 해요.

여기서 깜짝 퀴즈!

Q1 위의 식에서 최고차항은 몇 차항일까요?

Q2 위의 식은 몇 차식일까요?

깜짝 퀴즈의 정답은?

A1 일차항

A2 일차식

② 분수식의 항 찾기

공식 쏙쏙 _____
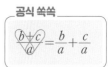

$\dfrac{3+x}{2}$와 $\dfrac{3 \times x}{2}$의 항의 개수는 달라요.

$\dfrac{3+x}{2} = \dfrac{3}{2} + \dfrac{x}{2}$이므로 항은 2개이고,

$\dfrac{3 \times x}{2} = \dfrac{3}{2}x$이므로 항은 1개예요.

주의! 분수식은 분배법칙을 이용해 항을 따로 써요. 일명 하트 뽕뽕!

  $\dfrac{3+x}{2} = \dfrac{3}{2} + \dfrac{x}{2}$

차수란 무엇일까요?

차수는 **곱해진 문자의 개수**를 말해요. 따라서 같은 문자가 여러 번 곱해진 경우 거듭제곱을 이용해서 나타내기 때문에 x^3, a^2 같은 경우에는 지수를 이용해서 차수를 구하면 쉽게 구할 수 있어요. x^3은 차수가 3이고, a^2은 차수가 2입니다.

그럼 xyz는 차수가 몇 일까요? xyz는 $x \times y \times z$에서 곱하기를 생략한 식이에요. 그러니 곱해진 문자는 3개이고, 차수는 3이 돼요. 같은 방법으로 ax는 곱해진 문자가 2개이므로 차수가 2가 돼요. 그런데 ax(a는 상수)는 차수가 1인 일차항이에요. 무엇이 다르죠? ax(a는 상수)에서는 a가 상수라는 조건 때문에 숫자가 되니 문자는 x뿐이에요.

그럼 상수항은 몇 차항이죠? 상수항은 문자가 0번 곱해져 있어요. 그러니 0차가 됩니다.

┌── 한눈에 이해하는 차수

	곱해진 문자	차수
$3x^2$	$x \times x$	2
$3xy$	$x \times y$	2
$3ax$(a는 상수)	x	1

계수란 무엇일까요?

변수 178쪽
값이 정해지지 않아 변할 수 있는 수.

상수 178쪽
변하지 않고 항상 일정한 값을 가지는 수.

계수는 일반적으로 어떤 변수 앞에 곱해진 상수라고 하지만 사실은 **문자의 더해진 개수**를 말해요. 예를 들어서 $3x = x + x + x$이므로 $3x$는 x가 3번 더해진 것이고, 계수는 3이에요. 그러다 보니 이 부분에서 중요한 것이 바로 상수와 변수의 차이점을 아는 거예요. 위에 차수 설명에서도 언급했듯이 **변수는 언제든 변할 수 있는 수, 즉 문자**라고 생각하면 돼요. 그러나 **상수는 항상 변하지 않는 수**예요. 겉으로는 문자 a로 썼다고 해도 조건에서 a는 상수라고 하면 a는 문자(변수)가 아닌 상수가 되는 것입니다.

그럼 ax의 계수와 ax(a는 상수)의 계수를 구해 볼까요? ax의 계수는 1입니다. 그러나 ax(a는 상수)의 계수는 a입니다.

$$\boxed{ax}\text{의 계수는} \qquad 1$$
$$\boxed{ax(a\text{는 상수})}\text{의 계수는 } a$$

그럼 상수항은 계수가 무엇일까요? 상수항은 차수가 0차라고 했죠? 그러니 상수항이 그대로 계수가 돼요.

분수식에서 계수를 찾을 때는 더 주의하세요.

$\dfrac{5x-1}{2}$에서 항의 계수를 찾기 위해서는 분수를 따로 적어요. $\dfrac{5x-1}{2} = \dfrac{5}{2}x - \dfrac{1}{2}$

에서 항은 2개가 돼요. 일차식이고요.

그렇다면 $\dfrac{5x-1}{2}$의 모든 계수의 합을 구하라고 하면 일차항의 계수인 $\dfrac{5}{2}$와 상수항인 $-\dfrac{1}{2}$를 더한 $\dfrac{5}{2} - \dfrac{1}{2} = 2$ 가 되는 것입니다.

| 분수식의 항 찾는 방법

하트 뿅뿅 '분배법칙'

$$\text{일차항의 계수: } \dfrac{5}{2}, \text{ 상수항: } -\dfrac{1}{2}$$

지금부터 머릿속으로 어떤 수를 생각해 보세요. 자연수, 정수, 유리수 그 어떤 수도 다 좋아요.
그리고 지금부터 아래의 순서대로 계산해 보세요! 그 결과를 맞춰 볼게요. 어려울수록 맞히기
힘들겠죠?

먼저 생각한 수에 2를 더해요.

그 수를 3배 해요.

그 수에서 다시 3을 빼요.

다시 3으로 나눠요.

이제 마지막으로 처음에 생각했던 수를 빼요.

그 결과의 값은 바로바로 '1'이죠?

어떻게 알았냐고요? 처음에 생각한 어떤 수를 x라고 해서 식을 세워 봐요.

먼저 생각한 수에 2를 더해요. $(x+2)$

그 수를 3배 해요. $3(x+2)=3x+6$

그 수에서 다시 3을 빼요. $3x+3$

다시 3으로 나눠요. $x+1$

이제 마지막으로 처음에 생각했던 수를 빼요. 1

어떤 수를 생각하든 결과는 항상 1이 나오는 대수의 마술입니다!

1 다음 식을 보고 ( ) 안에 알맞은 수를 쓰세요.

(1) $\dfrac{x+1}{2}$은 항이 ( )개이고, 상수항은 ( )이다.

(2) $3x^3 - 2x^2 + 4x - 1$은 항이 ( )개이고, 이차항의 계수는 ( )이다.

(3) $3xy$는 차수가 ( )이고, 이 다항식의 이름은 ( )이다.

2 다음 두 학생의 가운데 틀린 말을 한 학생을 찾고, 그 이유를 설명하세요.

힘센 정리

❶ 항 중에서 수로만 되어 있는 항은 상수항.

❷ 계수는 문자의 더해진 개수.

❸ 차수는 항에서 문자가 곱해진 개수.

❹ 차수가 가장 큰 항의 차수가 그 다항식의 차수.

❺ 상수항은 0차 항이므로 모든 계수의 합을 구할 때는 상수항도 합한다.

03

동류항

동류항을 이해하고
동류항끼리 덧셈, 뺄셈을 할 수 있어요.

교과연계 ∞ **중등** 일차식의 계산

한 줄 정리

다항식에서 **문자와 차수가 각각 같은 항**을 동류항이라고 해요.

예시

$$3a, 5a, -\frac{a}{2}$$

설명 더하기

두 개 이상의 단항식 중에서 계수는 다르더라도 문자와 차수가 똑같은 항을 동류항이라고 해요. 예를 들어서 $3x^2$, $5x^2$은 문자가 x로 서로 같고, 차수도 2차로 같아요. 따라서 이 둘은 동류항입니다. 그런데 $3x$, $3x^2$은 문자는 x로 서로 같지만, 차수가 각각 1차, 2차로 달라서 동류항이 아니에요.

그럼 문자 없이 수로만 된 상수항은 어떨까요? 상수항은 상수항끼리 동류항이에요. 그렇다면 동류항은 왜 찾아야 하나요? 그 이유는 문자를 포함한 식의 덧셈과 뺄셈을 하기 위해서입니다.

> **차수** 137쪽
> 항에서 문자가 곱해진 개수.

> **계수** 137쪽
> 수와 문자의 곱으로 이루어진 항에서 문자 앞에 곱해진 수.

동 同 같다
류 類 무리 류
항 項 항목, 항

→ 같은 무리의 항

부등호   118쪽
두 수 또는 두 식이 같지
않다는 것을 나타내는
기호.

동류항을 찾아 보자

다음 식에서 항이 몇 개인지 찾아서 항아리에 넣으세요.

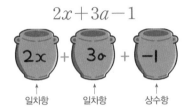

$$2x+3a-1$$

항은 총 3개이고 $2x$, $3a$는 모두 일차항이에요. 그러나 문자가 서로 달라서 동류항은 아니네요. 이제는 $5a+6-8a+1$에서 동류항끼리 같은 색깔의 항아리 안에 넣으세요.

일차항 2개, 상수항도 2개, $5a$와 $-8a$는 동류항, $+6$과 $+1$도 동류항이에요. 그러나 이 식에서는 항이 총 4개라고 하지 않아요. 왜냐하면 아직 계산이 끝나지 않은 식이거든요. 동류항끼리의 계산이 남았습니다!

동류항의 덧셈과 뺄셈

$2x$는 원래 $x+x$를 뜻해요. 즉, x가 두 번 더해졌다는 의미에요. 이때 **문자가 더해진 개수를 계수라고 배웠어요.**

그럼 $2x+3x=(x+x)+(x+x+x)=5x$가 된다는 것을 알 수 있어요. 즉, 동류항끼리는 **계수끼리 계산을 하고 그 값을 문자 앞에 써요.**

$$2x^2+4x^2=6x^2$$

$$2x^2+4x^2=(x^2+x^2)+(x^2+x^2+x^2+x^2)=6x^2$$
$$(2+4)x^2$$

144

그런데 $2a+3b$는 동류항이 아니에요. 그러므로 더 이상 계산되지 않아요.

동류항 계산

a, b가 상수일 때

$ax+bx=(a+b)x$

분배법칙이 필요해

괄호를 포함한 식을 전개할 때는 분배법칙을 잘 알아 두어야 해요. 특히 분수인 계수나 음수인 계수에서는 분배법칙을 할 때 주의해야 합니다.

$2(x+1)$는 $(x+1)$이 두 번 더해졌다는 의미가 되겠죠. 분배법칙은 덧셈의 원리에서 나온 것이므로, 원리를 잘 이해하고 분배법칙을 익혀 보세요.

전개

: 다항식의 곱으로 이루어진 식을 분배법칙을 통해 계산해 풀어내는 것을 말해요.

공식 쏙쏙

분배법칙
$a(b+c)=ab+ac$
$(b+c)a=ba+ca$
$\qquad =ab+ac$

$$2(x+1)=(x+1)+(x+1)=x+1+x+1=2x+2$$

덧셈 원리 이용하여 괄호 풀기

$$2(x+1)=2\times(x+1)=2\times x+2\times 1=2x+2$$

분배법칙을 이용하여 괄호 풀기

자, 그럼 이제 분수나 음수인 계수를 포함한 식 $\dfrac{x+1}{2}-x-1$에서 분배법칙을 연습해 볼게요.

$$\frac{x+1}{2}-x-1=\frac{1}{2}x+\frac{1}{2}-x-1=\left(\frac{1}{2}-1\right)x+\left(\frac{1}{2}-1\right)=-\frac{1}{2}x-\frac{1}{2}$$

하트 뿅뿅으로 분배법칙하여 동류항끼리 계산하기

$$\frac{x+1}{2}-x-1=\frac{x+1-2x-2}{2}=\frac{-x-1}{2}$$

통분을 이용하여 계산하기

다양한 색과 크기의 블록을 활용하면 동류항과 동류항 계산을 이해할 수 있어요. 아래 그림을 보세요.

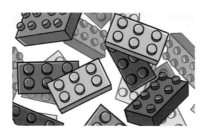

많은 블록이 구별 없이 섞여 있어요. 이 블록들을 색이 같은 것끼리 먼저 분류해요. 동류항을 찾을 때, 문자가 같은 것끼리 먼저 분류하는 것과 같아요.

같은 색끼리 분류한 후에는 같은 모양끼리 분류해요. 이 과정은 동류항을 찾을 때, 차수가 같은 것끼리 분류하는 것과 같아요.

$$x^4 \quad + \quad 3x^4 \quad = \quad 4x^4$$

그럼 분류한 블록들이 각각 몇 개인지 합해 봐요. 이 과정은 동류항끼리의 계산과 같아요.

1 다음 중 $-x^2$과 동류항인 것은 모두 몇 개일까요?

$$2x \qquad 0.5x^2 \qquad -1 \qquad -x \qquad \frac{1}{x^2} \qquad \frac{3}{2}x^2$$

2 다음 식을 보기와 같은 방법으로 계산해 보세요.

— 〈보기〉 —

$$2(a+1)+(5+2a)=2a+2+5+2a=2a+2a+2+5=4a+7$$

(1) $3(x+y)+2(x-1)=$

(2) $(2a-1)+4(1-a)=$

(3) $\dfrac{1}{2}(6x-8)-\dfrac{1}{3}(6x-9)=$

힘센 정리

❶ 동류항은 문자와 차수가 같은 항.

❷ 상수항은 상수항끼리 동류항.

❸ 동류항은 계수끼리 덧셈과 뺄셈을 하고 그 값을 문자 앞에 씀.

❹ 괄호를 포함한 식은 분배법칙을 이용해서 괄호를 전개한다.

147

04
단항식

오늘
나는

곱셈과 나눗셈이 있는
단항식을 계산할 수 있어요.

교과연계 ∞ **중등** 단항식의 계산

한 줄 정리

단항식은 다항식 중에서 **단 하나의 항으로 이루어진 식**이에요.

예시

$$10x,\ x^2,\ -8x^3,\ \frac{2}{3}xyz$$

설명 더하기

다항식   152쪽
한 개 이상 항의 합으로
이루어진 식.

수와 문자의 곱으로 이루어진 식을 항이라고 하며, 항들이 덧셈과 뺄셈으로 연결된 식을 다항식
이라고 해요. **어떤 다항식에서 항이 단 하나밖에 없을 때 이 다항식을 단항식**이라고 합니다.
단항식에서는 문자와 문자 사이, 숫자와 문자 사이에 있는 **곱셈 기호를 생략**할 수 있어요. 또한
단항식을 나타낼 때는 보통 **수를 왼쪽에 쓰고 문자를 오른쪽에 써요.** 즉, **곱셈과 나눗셈만으로
된 식이고, 곱셈을 생략하여 단 하나의 식으로 나타낸 것**이 단항식이에요. 다시 말해 **다항식에
서 각각의 항이 단항식**인 것이지요.

문해력UP!

단 單   혼자, 홀로
항 項   항목, 항
식 式   방식, 방법

→ 항이 혼자(하나) 있는 식

단항식의 곱셈과 나눗셈

1) 단항식의 곱셈(끼리끼리): 계수는 계수끼리, 문자는 문자끼리 곱해요. 이때 곱하는 문자가 같은 문자면 거듭제곱을 이용해요.

거듭제곱 1권 154쪽
같은 수나 문자를 여러 번 곱한 것.

$$2a \times 5b = 10ab$$

계수끼리 곱
문자끼리 곱

2) 단항식의 나눗셈: 나눗셈을 곱셈으로 바꾸고 역수를 이용해서 계수는 계수끼리 문자는 문자끼리 곱해요.

$$2x \div \frac{xy}{3} = 2x \times \frac{3}{xy} = \frac{6}{y}$$

계수끼리 곱
문자끼리 곱

3) 복잡한 단항식의 계산

복잡한 단항식의 계산에서는 나눗셈을 곱셈으로 고쳐서 식을 쓴 후에 '부! 숫! 문!'의 순서로 계산하면 실수 없이 할 수 있어요.

부! 숫! 문!
삼행시는?

부! 부호를 먼저 결정
숫! 숫자는 숫자끼리(계수끼리) 계산
문! 문자는 지수법칙을 이용해 계산

지수법칙 1권 218쪽
거듭제곱을 계산할 때 나타내는 지수들 간의 법칙.

예를 들어 복잡한 식 $2x \times \left(-\dfrac{x}{4}\right) \div \dfrac{xy}{2}$ 을 이 순서대로 연습해 봐요.

① 모두 곱셈으로 바꿔요.

$$2x \times \left(-\frac{x}{4}\right) \div \frac{xy}{2}$$
$$= 2x \times \left(-\frac{x}{4}\right) \times \frac{2}{xy}$$

나눗셈을 곱셈으로 고쳐서 역수

② 부! 부호를 먼저 결정: $(-)$는 한 개뿐이므로 답의 부호는 $(-)$

③ 숫! 숫자는 숫자끼리(계수는 계수끼리) 계산: $2 \times \dfrac{1}{4} \times 2 = 1$

④ 문! 문자는 지수법칙을 이용해 계산: $x \times x \times \dfrac{1}{xy} = \dfrac{x}{y}$

따라서 답은 $-\dfrac{x}{y}$

나 혼자 안다 유명한 단항식 $E=mc^2$

아인슈타인이 최초로 상대성이론을 발표했을 당시에는 극소수만 간신히 그 이론을 이해했다고 해요. 그만큼 당대 다른 사람들이 생각하지 못한 새로운 이론들을 발견하고 그것을 수식으로 표현한 것이죠. 그의 물리 법칙 중에서 가장 널리 알려진 단항식 $E=mc^2$($E=$에너지, $m=$질량, $c=$질량 상수)은 '질량과 에너지는 항상 총합이 일정하다'라는 진리를 담고 있습니다. 특수상대성이론의 결과 가운데 하나인 이 식은 핵융합과 함께 태양과 별들이 어떻게 그 긴 시간 동안 그 많은 에너지를 낼 수 있는지를 이해하는 데 큰 도움이 되는 식이라고 해요.

상대성이론이라는 말만 들어도 머리가 아프고 어렵다는 생각이 들죠? 아인슈타인은 상대성이론을 어려워하는 사람들에게 이렇게 말했다고 해요.

"좋아하는 사람과의 데이트 시간은 빨리 흘러가는데 지루한 물리 수업은 천천히 흘러간다고 느끼는 것, 그것이 바로 상대성이론의 시작입니다."

백쌤의 한마디

"수학이 가장 어렵고 자신 없는 과목이에요."

수학이 어렵고 지루하게 느껴지는 학생들은 대부분 수학에 접근하는 방법과 시작에 문제가 있습니다. 이해되지 않는 내용을 무리하게 선행했기 때문이죠. 점점 더 머리가 아프고, "수학을 배워서 어디에 써먹어?" 같은 변명을 하게 되고요.

수학이 어렵고 자신 없다면, 우선 현재 자신의 수준과 학년에 맞는 내용을 공부하고 있는지 점검해 보세요. 그리고 교과서에 담긴 기본 개념부터 익히고, 차근차근 문제에 적용하는 거예요. 그렇게 조금씩 쌓아가다 보면 몸이 기억하는 수학의 원리를 알게 되고 문제 적용력이 좋아지게 될 겁니다. 수학을 배워서 어디에 쓰냐고요? 수학은 우리 일상 곳곳에 쓰여요. 수학이 사용되지 않는 곳을 찾는 것이 더 어렵습니다. 자, 그럼 이제부터 한 걸음씩 백쌤과 함께 수학을 가장 자신 있는 과목으로 만들어 봅시다!

1 다음 중 단항식은 모두 몇 개인가요?

$$xy \qquad \frac{1}{3}x^2y \qquad -5x^2y^3 \qquad \frac{x+4}{2} \qquad \frac{3x}{2} \div 4 \qquad x(x+1)$$

2 단항식의 곱셈과 나눗셈을 계산하세요.

(1) $3x \div \dfrac{x}{2} \div \left(-\dfrac{1}{2}\right)^2 =$

(2) $2a^2b \times (-2a)^2 \div \dfrac{ab}{4} =$

3 다음 단항식의 계산을 보고 a, b, c에 해당하는 수를 찾으세요.

$$5xy \times \frac{x^2}{10} \times y^a = cx^b y^2$$

힘센
정리

❶ 단항식은 단 하나의 항으로 이루어진 식.

❷ 가장 먼저 계산 결과의 부호를 결정할 것.

❸ 계수는 계수끼리 문자는 문자끼리 계산할 것.

151

05
다항식

오늘
나는

다항식을 알고
덧셈과 뺄셈을 할 수 있어요.

교과연계 ∽ **중등** 다항식의 계산

한 줄 정리

한 개 이상 항의 합으로 이루어진 식을 다항식이라 해요.

예시

$4x^3 + 7x^2 - 5$ → 항이 3개

설명 더하기

단항식은 단 1개의 항으로 이루어진 다항식이에요. 다항식은 1개 이상의 단항식을 대수의 합으로 연결한 식을 말해요. 즉, 단항식은 곱셈과 나눗셈으로 되어 있어서 항이 1개이고, 다항식은 덧셈과 뺄셈으로 되어 있어서 항이 1개 이상인 거예요. 단항식은 결국 다항식 안에 포함됩니다. 다항식은 항이 많기 때문에 정리하는 방법이 중요해요. 내림차순 정리와 오름차순 정리 방법이 있어요. 식을 정리한 후에는 **동류항**끼리 계산합니다.

동류항 143쪽
다항식에서 문자와 차수
가 각각 같은 항.

문해력 UP!

다 多 많다
항 項 항목
식 式 방식, 방법

→ 여러 개의 항으로 이루어진 식

다항식과 단항식은 어떤 관계?

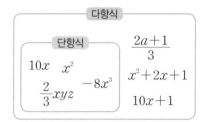

다항식은 항이 하나 이상인 식을 말해요. 다항식 중에서 단 하나의 항으로 된 식을 단항식이라고 하므로 **단항식은 다항식 안에 포함**됩니다. 즉, 단항식도 다항식이에요.

주의! $\dfrac{1}{x}$ 은 문자 x를 곱해 만들 수 있는 식이 아니므로 단항식도 다항식도 아니에요. 고등학교에서 배우게 될 유리식 중에서 분수식이라고 해요.

$\sqrt{x+3}$ 과 같은 식도 단항식이 아니에요. 이 식은 근호 안에 미지수를 포함한 무리식이에요. 유리식과 무리식의 관계는 유리수와 무리수의 관계를 생각하면 이해하기 쉬워요.

유리수 1권 194쪽
실수 중에서 정수와 정수가 아닌 유리수를 합친 것.

무리수 1권 198쪽
실수 중에서 유리수가 아닌 수.

다항식의 덧셈과 뺄셈

괄호가 있는 다항식 계산에서는 분배법칙을 이용해서 괄호를 푼 다음 동류항끼리 계산해요. 이때 괄호 앞의 부호가 중요합니다.

① 괄호 앞에 ＋가 있으면 괄호 안의 각 항의 부호를 그대로 해요.

$$a+(b+c)=a+b+c$$

② 괄호 앞에 － 가 있으면 괄호 안의 각 항의 부호를 반대로 해요.

$$a-(b+c)=a-b-c$$

괄호 앞에 음의 부호(－)가 있을 때 분배법칙을 이용해 계산하면 항의 부호가 왜 반대가 되는지 그 이유에 대해서 자세히 알아볼까요?

숫자와 문자의 곱에서 문자 앞에 곱해진 1은 생략이 가능하다고 했어요. 하지만 －1의 경우 1은 생략이 가능하지만 음의 부호는 생략이 불가능해요.

따라서 분배법칙으로 곱했을 때, 부호에 영향을 미치게 되는 거죠. 생략한 것 없이 모두 적으면 다음 식과 같아요.

$$a-(b+c)=a+(-1)\times(b+c)$$
$$=a+(-1)\times b+(-1)\times c$$
$$=a-b-c$$

그렇다면 이러한 분배법칙을 이용해서 동류항들의 덧셈과 뺄셈을 이용한 다항식의 계산 방법을 연습해 볼까요?

$$2(x+1)-(x-3)$$
$$=2x+2-x+3 \quad \text{분배법칙}$$
$$=(2-1)x+(2+3) \quad \text{동류항끼리}$$
$$=x+5$$

분수식의 계산에서 분자의 항이 여러 개일 경우에는 괄호를 한 후에 통분을 이용해서 계산해요. 통분을 한 후 분자는 분배법칙을 이용해 괄호를 풀 수 있어요.

$$\frac{1+a}{2}-\frac{2-a}{3}$$
$$=\frac{3(1+a)}{6}-\frac{2(2-a)}{6} \quad \text{괄호한 후 통분}$$
$$=\frac{3+3a-4+2a}{6} \quad \text{분배법칙}$$
$$=\frac{5a-1}{6} \quad \text{동류항끼리 계산}$$

참고 간혹 학생들 중에서 분수를 포함한 식을 계산할 때, 등식의 성질(이 책 171쪽)을 이용해서 최소공배수를 곱해 잘못 답하는 경우가 있어요. 주의하세요!

예 $\frac{a}{2}-\frac{1}{3}$ 을 간단히 하면 $\frac{3a-2}{6}$ 인데, 6을 곱해서 $3a-2$ 로 적는 경우가 많아요.

세상에서 가장 슬픈 수학자, 아벨

노벨상에는 수학상이 없어요. 대신 노벨상에 버금가는 필즈상과
아벨상이 있어요. 필즈상은 세계수학자대회가 수학자 필즈의 유
언에 따라 만든 상이고, 아벨상은 노르웨이의 수학자 아벨의 업
적을 기리기 위해 노르웨이 왕실에서 만든 상이에요.

가난한 유년 시절을 살았던 아벨은 거의 독학으로 수학을 익혔
다고 해요. 19세 때 세계 난제 중의 하나였던 5차 방정식의 대
수적 일반해법을 연구해 그 불가해성(이해할 수 없음)을 증명했
다고 해요.

형편이 좋지 않아 자비로 간신히 논문을 쓰고, 당대 권위 있는 수학자였던 가우스에게 보냈어
요. 그러나 가우스는 하루에도 수백 통의 논문을 받았기 때문에 대부분 읽지도 않고 쓰레기통
에 버렸다고 해요. 결국 지독한 가난과 싸우던 아벨은 26세의 젊은 나이에 결핵으로 죽었어요.
그리고 이틀 뒤, 베를린 대학에서 교수 임명장이 도착했다고 해요. 만약 가우스가 아벨의 논문
을 읽었다면 그의 운명도 바뀌지 않았을까요? 천재 수학자 아벨은 세상을 바꿨을 테고요.

**백쌤의
수학 상담**

수학 상위 1％의 비밀

수학은 머리가 좋은 학생들이 잘할까요? 꼭 그렇지 않습니다. 실제로 수능 수학 1등급에는 아이큐가 높은 학
생보다 평균인 학생의 비율이 더 높다고 해요. 어느 한 연구에서는 수학 성적 상위 1％ 학생들의 공통점을 찾
았는데 그것은 바로 수학 문제를 다른 학생들에게 설명하는 것이었다고 합니다. 다른 사람에게 말로 설명할 수
있다는 것은 정확하게 알고 있다는 의미이고, 이것은 메타인지의 중요한 요소 중에 하나에요.

메타인지란 내가 알고 모르는 것을 정확히 인지하는 거예요. 즉, 머리가 좋은 학생보다 내가 무엇을 알고, 무엇
을 모르는지를 정확히 아는 학생이 수학을 더 잘한다는 것이죠. 다른 사람에게 말로 설명하다 보면 정확히 아
는 것과 그렇지 않은 것을 구별할 수 있게 되니 앞으로 수학을 잘하고 싶으면 다른 친구들에게 수학을 알려주
세요. 동생이 어려워하는 문제를 가르쳐 주거나, 오늘 배운 내용을 부모님께 설명해 보는 것도 좋겠네요.

1 다음 중 다항식은 모두 몇 개일까요?

$$3xy \qquad \frac{1}{x} \qquad x-1-x+1 \qquad \sqrt{2x} \qquad 2a^2+3b$$

2 다음 다항식의 덧셈과 뺄셈을 계산하세요.

(1) $3(x-y)+2(x+2y)=$

풀이 과정

$3(x-y)+2(x+2y)$

$=3\times x-3\times\bigcirc+2\times\bigcirc+\bigcirc\times y$

$=3x-\bigcirc+\bigcirc+\bigcirc$

$=(\qquad\qquad)$

(2) $\dfrac{1+a}{2}+\dfrac{2-a}{3}=$

풀이 과정

$\dfrac{1+a}{2}+\dfrac{2-a}{3}$

$=\dfrac{\bigcirc\times(1+a)}{6}+\dfrac{\bigcirc\times(2-a)}{6}$

$=\dfrac{\bigcirc+\bigcirc\times a+\bigcirc-\bigcirc\times a}{6}$

$=\dfrac{(\qquad)}{6}$

**힘센
정리**

❶ 다항식은 1개 이상 항의 합으로 이루어진 식.

❷ 괄호부터 분배법칙으로 풀고 동류항끼리 덧셈, 뺄셈한다.

❸ 분수식에서 분자의 항이 여러 개일 때, 괄호를 하고 통분을 이용해 계산한다.

06
일차식

> 일차식이 무엇인지 알고
> 일차식을 계산을 할 수 있어요.

교과연계 ∞ **중등** 일차식의 계산

한 줄 정리

최고차항의 **차수가 1차인 다항식**이 일차식이에요.

예시

$3x+1, 2y+2, 2a+4b$

설명 더하기

일반적인 형태는 $ax+by(a, b$는 상수, $a\neq0, b\neq0)$의 꼴로 나타내요. 최고차항의 차수가 1차인 다항식을 일차식이라 하는데 $5x, 2a+3b$ 등과 같이 문자의 차수가 일차인 항들로 이루어진 다항식을 일차식이라고 해요. 특히 문자 x에 대한 일차식이 중요한데 이는 일차방정식을 하기 전에 일차식에 대한 이해가 필요하기 때문이에요. 일차식의 덧셈과 뺄셈은 다항식의 덧셈과 뺄셈의 방법과 같이 동류항의 계산이 핵심이에요.

상수   178쪽
변하지 않고 항상 일정한
값을 가지는 수.

일차방정식   188쪽
미지수의 차수가 일차인
방정식.

일 一   하나
차 次   차례, 순서   ➔ 차수가 하나(1차)인 식
식 式   방식, 방법

일차식이란?

일차식은 각 항의 차수를 확인했을 때, **가장 높은 차수의 항이 일차항인 다항식**입니다. x에 대한 일차식은 $ax+b$(단, a, b는 상수, $a \neq 0$) 꼴로 나타낼 수 있어요. 물론 다른 문자에 대한 일차식도 있습니다.

$$\underset{\text{일차항} \quad \text{일차항} \quad \text{상수항}}{2x + 4y - 1} \quad \blacktriangleright \quad \text{일차식이다.}$$

$$\underset{\text{이차항} \quad \text{상수항}}{5xy - 5} \quad \blacktriangleright \quad \text{일차식이 아니다(이차식이다).}$$

$$\frac{3}{x+1} \quad \blacktriangleright \quad \text{일차식이 아니다(분수식이다).}$$

$$\underset{\text{상수항}}{-6} \quad \blacktriangleright \quad \text{일차식이 아니다(차수가 0이다).}$$

분배법칙을 이용해 일차식을 풀자

일차식도 다항식이에요. 단지 다항식 중에서 차수가 일차인 식을 일차식이라고 하는 것이죠. 그러니 다항식의 계산과 같은 방법으로 일차식의 덧셈과 뺄셈을 계산할 수 있어요.

① (수)×(일차식)의 계산: 분배법칙을 이용해 식을 전개해요.

$$2 \times (x - 4) = 2 \times x + 2 \times (-4) = 2x - 8$$

② (일차식)÷(수)의 계산: 나눗셈은 곱셈으로 고쳐서 역수를 구한 후 분배법칙을 이용해 계산해요.

$$(8x - 4) \div 2 = (8x - 4) \times \frac{1}{2} = 8x \times \frac{1}{2} - 4 \times \frac{1}{2} = 4x - 2$$

나눗셈은 곱셈으로 고쳐 역수

주의! 가끔 $5x - 2x = 3$으로 문자 없이 잘못 계산하는 학생들이 있으니, 동류항의 계산 원리를 잘 알아 두고 실수하지 않도록 하세요.

핸드폰 요금제는 일차식

사람들이 어디를 가나 늘 가지고 다니는 핸드폰! 한 달 사용 시간을 x분이라고 했을 때, 핸드폰 요금을 일차식으로 나타낼 수 있어요. 다음 표는 어느 통신회사의 두 요금제에 대한 안내표예요. 한 달 동안 사용한 핸드폰 요금에 대한 식을 다음 두 요금제에 맞춰서 각각 만들어 봐요.

	기본요금	무료 통화 시간	무료 통화 시간 이후 분당 통화 요금
알뜰 요금제	10000원	50분	100원
정액 요금제	20000원	200분	200원

한 달 동안 통화 시간이 x분$(x>200)$이라면 요금에 대한 일차식은 (기본요금)+(초과 사용 시간에 대한 요금)으로 구할 수 있어요.

① 알뜰 요금제를 사용했을 때는 기본요금이 10000원이고, 초과 사용 시간은 $(x-50)$분이에요. 따라서 요금에 대한 식은 $10000+100(x-50)$입니다.

② 정액 요금제를 사용했을 때는 기본요금이 20000원이고, 초과 사용 시간은 $(x-200)$분이에요. 따라서 요금에 대한 식은 $20000+200(x-200)$입니다.

이렇게 사용 시간에 대한 요금을 일차식으로 나타낼 수 있다면 사용 시간을 대입해 요금을 계산할 수 있어요.

여기서 깜짝 퀴즈!

Q 한 달에 300분을 통화했다면 어떤 요금제가 더 유리할까요?

깜짝 퀴즈의 정답은?

A '알뜰 요금제가 더 유리'해요

알뜰 요금제$=10000+100(x-50)$이므로 $x=300$을 대입하면
$10000+100(300-50)=10000+25000=35000$(원)
정액 요금제$=20000+200(x-200)$이므로 $x=300$을 대입하면
$20000+200(300-200)=20000+20000=40000$(원)

대입　　　161쪽
문자를 포함한 식에서 문자 대신 어떤 수를 넣는 것.

1 다음 중 일차식을 모두 찾으세요.

① $\dfrac{2}{x}$ ② $x^2 - x - x^2$ ③ 5

④ $3ab + 5$ ⑤ $3a + 4b$

2 다음 보기의 규칙에 맞춰 ① ② ③ 빈칸에 들어갈 식을 찾으세요.

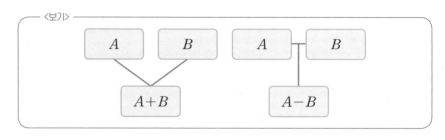

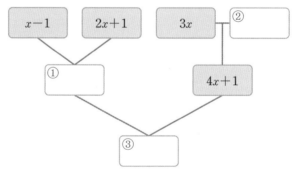

**힘센
정리**

❶ 일차식은 최고차항의 차수가 일차인 다항식.

❷ 일차식의 계산에서 괄호는 분배법칙을 이용한다.

❸ 나눗셈은 곱셈으로 고쳐서 역수를 구한 후 분배법칙을 이용한다.

❹ 동류항끼리 덧셈과 뺄셈을 이용해 간단히 나타내자.

07

대입과 식의 값

 대입을 이용해 식의 값을
구할 수 있어요.

교과연계 ∞ **중등** 다항식의 계산

한 줄 정리

문자를 포함한 식에서 **문자 대신 어떤 수를 넣는 것**을 대입이라고 하고,
대입하여 계산한 결과의 값을 식의 값이라고 해요.

예시

$2x+1$에서 $x=1$을 대입하면 식의 값은 3

설명 더하기

식의 값을 구하기 위해서는 주어진 문자를 포함한 식에서 생략된 곱셈 기호 또는 나눗셈 기호
를 다시 쓰고 문자에 주어진 수를 대입하여 계산하는데, **음수를 대입할 때는 반드시 괄호를 사
용해야 해요.** 그리고 대입은 반드시 숫자만 대입할 수 있는 것은 아니에요. 어떤 문자 대신 다
른 문자를 대입할 수도 있어요.

대 代 대신하다
입 入 넣다

 ➜ (문자) 대신 (어떤 수를) 넣다

식의 값을 구하는 방법

대입하기 전에 다음의 내용을 잘 알아 두세요.

① 주어진 식에서 생략된 곱셈이나 나눗셈을 다시 써요.

　이는 식의 구조를 파악하고 순서에 맞추어 계산하기 위해서예요.

번분수식　　　50쪽
분수의 분자, 분모 중 적
어도 하나가 분수인 복잡
한 분수식.

② 분모에 분수를 대입할 때는 번분수식이 나오면 복잡해질 수 있으니 나눗셈을 이용
해서 쓰고, 나눗셈을 곱셈으로 바꿔 계산해요.

③ 대입하는 수가 음수이면 반드시 괄호를 이용해서 대입해요.

　위의 방법을 이용해서 다음 식의 값을 구해 보세요.

$$x = -2 \text{일 때, } 2x + 1 \text{의 값}$$

생략된 곱셈을 다시 쓰면 $\rightarrow 2x + 1 = 2 \times x + 1$

$x = -2$를 대입하면 $\quad \rightarrow 2 \times (-2) + 1 = -3$

즉, 식의 값은 -3입니다.

조금 더 복잡한 식의 값을 구하세요.

$$a = 1, \ b = -2 \text{일 때, } \frac{a - b^2}{2a} \text{의 값}$$

생략된 곱셈과 나눗셈을 다시 쓰면

$$\rightarrow \frac{a - b^2}{2a} = (a - b \times b) \div (2 \times a)$$

$a = 1, \ b = -2$을 대입하면

$$\rightarrow \{1 - (-2) \times (-2)\} \div (2 \times 1) = (1 - 4) \div 2 = -\frac{3}{2}$$

즉, 식의 값은 $-\frac{3}{2}$입니다.

분수를 대입하는 방법

분수를 대입할 때는 복잡한 번분수식보다 **나눗셈을 이용하는 방법**과 **역수 관계의 성질을 이용하는 방법**이 계산하기 더 편해요.

① $a = \dfrac{1}{2}$일 때, $\dfrac{1}{a}$의 값은?

$\dfrac{1}{a}$의 값은 $\dfrac{1}{a} = 1 \div a$이므로 $1 \div \dfrac{1}{2} = 1 \times 2 = 2$입니다.

또 다른 방법으로는 a와 $\dfrac{1}{a}$은 역수 관계이므로 $\dfrac{1}{2}$의 역수인 2가 된다는 것을 알 수 있어요.

② $a = \dfrac{1}{2}$일 때, a^2의 값은?

$a^2 = a \times a$이므로 $\dfrac{1}{2} \times \dfrac{1}{2} = \dfrac{1}{4}$입니다

③ $a = \dfrac{1}{2}$일 때, a, $\dfrac{1}{a}$, a^2의 대소관계를 구할 수 있어요.

위에서 계산한 식의 값을 작은 수부터 크기순으로 쓰면 $\dfrac{1}{4} < \dfrac{1}{2} < 2$이므로

$a^2 < a < \dfrac{1}{a}$입니다.

> 대소관계   114쪽
> 두 수의 크고 작음의 관계를 파악하는 것.

복잡한 식을 쉽게 대입하는 방법

복잡한 식은 먼저 식을 간단히 한 후에 대입하는 것이 좋아요.

간! 간단히 하고

대! 대입하자

> **Tip 쏙쏙**
> 식의 값을 계산하러 간다는데? 간대?
> 간단히 하고 대입?
> 간대!

$$a = -2,\ b = 3일\ 때,\ \dfrac{2a^2b - 4ab^2}{2b}의\ 값$$

식을 간단히 해줘요.

$$\rightarrow \dfrac{2a^2b - 4ab^2}{2b} = \dfrac{2a^2b}{2b} - \dfrac{4ab^2}{2b} = a^2 - 2ab$$

생략된 곱셈을 다시 쓰면

$$\rightarrow a^2 - 2ab = a \times a - 2 \times a \times b$$

$a = -2$, $b = 3$을 대입하면

$$\rightarrow (-2) \times (-2) - 2 \times (-2) \times 3 = 4 + 12 = 16$$

즉, 식의 값은 16입니다.

코딩은 대입이다!

흔히 수학을 과학의 언어라고 합니다. 과학을 잘하려면 수학을 알아야 하기 때문이에요. IT 기술의 기반이 되는 코딩 역시 수학의 대입을 이해해야 합니다. 요즘은 초등학교 때부터 코딩을 배우니까 여러분은 코딩 속 대입의 개념을 금방 눈치챌 수 있을 거예요! 가장 대표적인 코딩 프로그램으로는 스크래치와 엔트리가 있는데 초보자도 간단히 배울 수 있는 기초 프로그램입니다. 코딩에서는 어떤 명령어를 입력하면 그 대입 값이 나옵니다. 명령어를 누가 얼마나 더 자세하고 정확히 입력하느냐에 따라 결과의 값이 달라지는 것이죠.

**백쌤의
한마디**

"선생님 설명을 들으면 다 아는 것 같은데 혼자는 잘 안 풀려요."

네, 많은 학생이 하는 고민입니다. 선생님 설명을 듣고 이해가 되면 안다고 착각하기 때문이에요. 하지만 이해력, 지식, 문제해결 능력은 각각 다릅니다. 유튜브나 블로그에서 쏟아지는 수많은 정보를 이해하지만 그것을 자신의 것으로 만들기 위해서는 또 다른 노력이 필요한 것과 같지요. 선생님 설명을 이해했다면 혼자서 복습하고, 자기 손으로 직접 써보고, 다른 사람에게 말로 설명도 해보세요! 그렇게 지식이 쌓이면 문제해결 능력도 저절로 커질 거예요. 무엇이든 쉽게 얻어지는 것은 없다는 걸 잊지 말고, 하루하루 꾸준히 노력하길 바랍니다.

1 $x=\dfrac{1}{3}$일 때, 다음 중 식의 값이 가장 작은 것을 구하세요.

① $3x-1$ ② $\dfrac{1}{6}\div x$ ③ $\dfrac{2}{x}+1$

④ $5-6x$ ⑤ $-\dfrac{1}{3}+6x$

2 $\dfrac{1}{2}$의 역수를 a, -3의 역수를 b라고 할 때 $\dfrac{4b-6a^2}{2a}$의 값을 구하세요.

> 해결 과정
>
> $\dfrac{1}{2}$의 역수는 ( )이므로 $a=($)
>
> -3의 역수는 ( )이므로 $b=($)
>
> 식을 간단히 하면 $\dfrac{4b-6a^2}{2a}=\dfrac{4b}{2a}-\dfrac{6a^2}{()}=\dfrac{()}{()}-()$
>
> 간추린 식에 $a=($), $b=($)를 대입하면
>
> ( )이므로
>
> 식의 값은 ( )입니다.

힘센
정리

❶ 대입은 문자를 포함한 식에서 문자 대신 어떤 수를 넣는 것.

❷ 식의 값이란 대입해서 계산한 식의 결과의 값.

내림차순

오늘
나는

다항식을 정리하는
내림차순에 대해서 알 수 있어요.

교과연계 ∞ **중등** 다항식의 계산 ∞ **고등** 다항식의 연산

한 줄 정리

다항식에서 **차수가 높은 항부터 낮은 항 순으로 나타내는 것**을 내림차순으로 정리한다고 해요.

예시

x에 대하여 내림차순 정리 ➜ $4x^3 - 5x^2 + 10x + 7$

설명 더하기

차수   137쪽
항에서 문자가 곱해진 개수.

다항식을 어떤 문자에 관한 차수를 기준으로 **차수가 높은 항부터 낮은 항 순으로 나타내는 것을 내림차순**으로 정리한다고 해요. 반대로 **차수가 낮은 항부터 높은 항 순으로 나타내는 것을 오름차순**으로 정리한다고 말해요.
다항식을 정리하면 동류항이 잘 보이기 때문에 계산이 편리해요. 또한 다항식이 몇 차식인지도 바로 찾을 수 있어요.

문해력 UP!

내림
차 次   다음에, 이어서
순 順   순서, 차례

➜ <u>(높은 항부터) 순서대로 내림</u>

다항식 정리법

다항식 중에 항이 여러 개가 있는 경우는 정리를 잘해야 계산도 쉽게 할 수 있어요. 다항식을 정리하는 방법에는 어떤 문자(대부분 x)에 관한 차수를 높은 차수인 항부터 먼저 쓰는 **내림차순 정리**가 있고, 낮은 차수인 항부터 먼저 쓰는 **오름차순 정리**가 있어요. 여기서 어떤 문자에 대한 정리인지가 중요해요. 예를 들어서 $3x^2-2+5x$의 식을 두 가지 방법으로 정리해 봐요.

① x에 대해 내림차순으로 정리

$$\underset{\text{2차}}{}\underset{\text{1차}}{}\underset{\text{상수(0차)}}{}$$
$$3x^2+5x-2$$

② x에 대해 오름차순으로 정리

$$\underset{\text{상수(0차)}}{}\underset{\text{1차}}{}\underset{\text{2차}}{}$$
$$-2+5x+3x^2$$

그렇다면 다른 문자에 대해서도 다음 식을 내림차순으로 정리하세요.

$$3xy^2-3x+12x^2+5y$$

① x에 대한 내림차순으로 정리하기

$$3xy^2-3x+12x^2+5y=12x^2+(3y^2-3)x+5y$$

x에 대한 이차항 　 x에 대한 일차항 　 x에 대한 상수항(0차)

② y에 대한 내림차순으로 정리하기

$$3xy^2-3x+12x^2+5y=3xy^2+5y+(12x^2-3x)$$

y에 대한 이차항 　 y에 대한 일차항 　 y에 대한 상수항(0차)

중고등학교에서 일차방정식, 이차방정식, 고차방정식을 배우게 되는데 이때 식은 x에 대한 방정식이 대부분이고, x에 대한 내림차순으로 정리하는 것이 일반적입니다. 그러니 내림차순 정리 방법을 잘 알아 두세요.

백쌤의 한마디

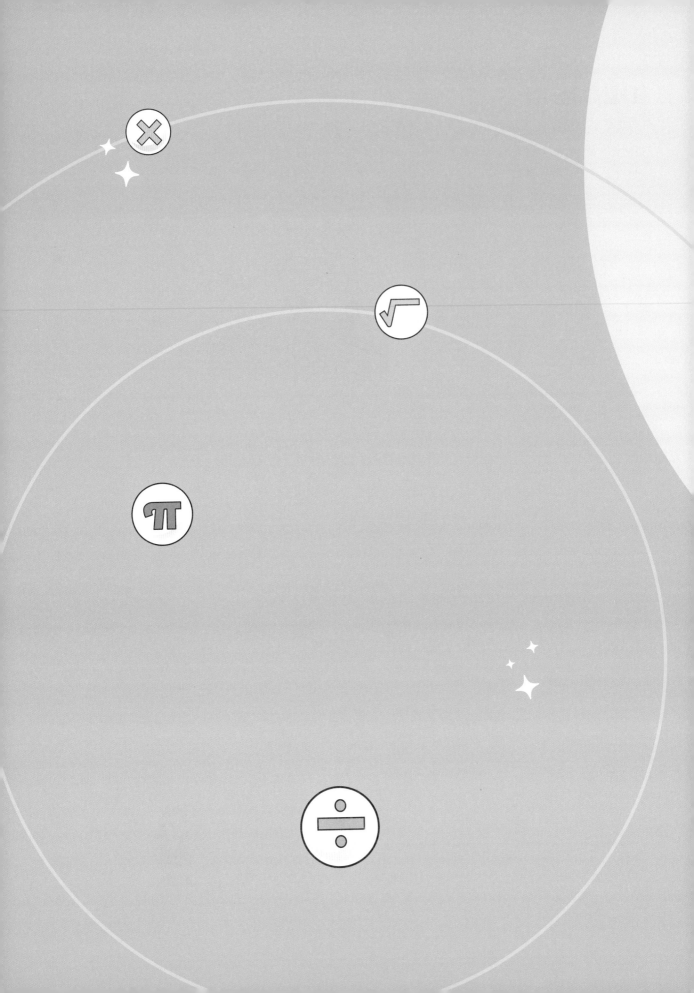

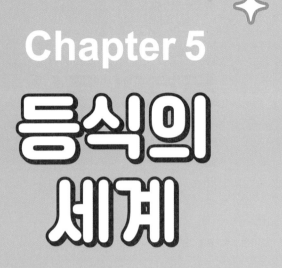

Chapter 5
등식의 세계

오르막길보다 내리막길이 쉽듯
식도 옆으로 쓰는 것보다
더 쉬운 방법이 있어요.
아래로 내려쓰는 식! 궁금하죠?

01

등호와 등식

오늘
나는

등호와 등식이 무엇인지 알고
등식의 성질을 말할 수 있어요.

교과연계　∞ **중등** 문자와 식

한 줄 정리

등식은 **등호(=)**를 사용해 두 수 또는 두 식이 같음을 나타낸 식이에요.

예시

$3x+2=11$

$2+x=x+2$

설명 더하기

참

: 어떤 조건에서 그 명제가 옳은 것을 뜻해요.

거짓

: 어떤 조건에서 그 명제가 옳지 않은 것을 뜻해요.

등식의 참, 거짓과 상관없이 **등호를 사용해 나타낸 식은 모두 등식**이라고 해요. 등식에서 **등호의 왼쪽을 좌변, 오른쪽을 우변**이라 하고, **좌변과 우변을 통틀어 양변**이라고 합니다.

문해력 UP!

등 等 같다　　호 號 기호　　➔ 같음을 뜻하는 기호
등 等 같다　　식 式 방식, 방법　➔ 같음을 뜻하는 식

등식이 참일까, 거짓일까?

등식에서는 **등호가 성립할 때는 참, 등호가 성립하지 않을 때는 거짓**이라고 해요. 참인
등식이 되기 위해서는 좌변과 우변의 값이 같아야 합니다.

$$2 + x \overset{\text{→ 등호}}{=} 4 : \text{등식}$$

좌변   우변

양변

$2 + x = 4$에서는 $2 + x$을 좌변, 4를 우변이라 하고, 이를 통틀어 양변이라고 해요.
$x = 1$을 대입하면 등식이 성립하지 않아요. 이를 '거짓인 등식'이라고 해요.
$x = 2$를 대입하면 등식이 성립해요. 이를 '참인 등식'이라고 해요.

좌변과 우변이 같지 않다는 것은 기호 $\neq$를 사용해요.
(예) $2 + 1 \neq 4$
좌변과 우변의 값이 거의 같은 근삿값을 나타낼 때는 기호 $\fallingdotseq$를 사용해요.
(예) 원주율 $\pi \fallingdotseq 3.141592$

근삿값

: 참값에 가까운 값을
말해요.

등식의 성질

좌변과 우변이 같은 경우(참인 등식)에 양변에 같은 수를 더하거나 빼도 그 값은 서로
같아요. 또한 같은 수를 곱하거나 0이 아닌 같은 수로 나누어도 그 값은 서로 같아요.
이것을 **등식의 성질**이라고 해요.

> ① 등식의 양변에 같은 수를 더해도 등식은 성립한다.
> → $a = b$이면 $a + c = b + c$
>
> ② 등식의 양변에 같은 수를 빼도 등식은 성립한다.
> → $a = b$이면 $a - c = b - c$
>
> ③ 등식의 양변에 같은 수를 곱하여도 등식은 성립한다.
> → $a = b$이면 $ac = bc$
>
> ④ 등식의 양변을 0이 아닌 같은 수로 나누어도 등식은 성립한다.
> → $a = b$이면 $\dfrac{a}{c} = \dfrac{b}{c}$ (단, $c \neq 0$)

그림으로 이해하는 등식의 성질

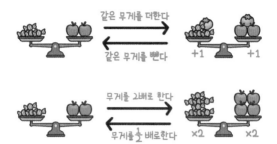

등호는 평행선?

평행선

: 같은 평면 위에 있는 둘 이상의 평행한 직선이에요.

여러분은 기찻길을 보면 어떤 생각이 드나요? 나란히 평행선으로 길게 뻗은 모습이 마치 등호 같지 않나요? 실제로 등호(＝)는 평행선에서 만들어졌다고 해요. 언제나 일정한 폭처럼 '같다'는 것을 강조하기 위해 쓰기 시작한 등호는 영국의 수학자이자 의사인 로버트 레코드가 자신의 저서 《지혜의 숫돌》에서 처음 사용했어요. "이 세상 그 무엇도 평행선 2개보다 더 같을 수는 없다"라는 말을 하면서 그 모양을 따서 만들었다고 해요.

등호는 집합에서도 서로 같은 집합을 표현할 때 사용해요. 자연수의 집합을 A라 하고 양의 정수의 집합을 B라 하면 두 집합은 서로 같은 집합이고 이것을 기호로 $A＝B$라고 쓸 수 있어요. 또한 함수에서도 서로 같은 함수는 등호를 사용해서 나타내요. 함수 f와 함수 g가 서로 같은 함수일 경우에 $f＝g$라고 해요.

백쌤의 한마디

우리가 사는 지구는 평평하지 않고 둥글기 때문에 사실 지구에서는 평행선을 그릴 수가 없어요. 그렇지만 등호의 기호가 바뀌지는 않을 것 같아요. 왜냐하면 평행선보다 더 똑같은 모습은 없을 테니까요.

어렸을 때 불렀던 "무엇이 무엇이 똑같은가, 젓가락 두 짝이 똑같아요"라는 노랫말의 동요를 기억하나요? 그런데 젓가락도 엄밀히 말하면 똑같지는 않아요. 이 세상에 똑같은 것은 없어요. 기계로 만들어도 아주 조금씩은 다르지요.

등호도 '같다'는 의미의 수학기호라고만 생각하면 돼요. 현재 수학에서는 거의 모든 문제에 등호가 있으니 중학교 과정에서 처음 배우는 등식의 성질부터 시작해서 잘 알아 두기를 바랍니다.

1 다음 중 등식은 모두 몇 개일까요?

$$3x+1 \qquad \frac{1+3x}{x}=1 \qquad 3<5 \qquad 2+1=4 \qquad \frac{1}{a}=\frac{1}{b}+\frac{1}{c}$$

2 다음 중 등식의 성질이 옳지 않은 것을 2개 찾으세요.

① $a=b$이면 $a \div c = b \div c$

② $ac=bc$이면 $a=b$이다.

③ $a+c=b+c$이면 $a=b$

④ $a=b$이면 $2a+1=1+2b$

⑤ $a+bc=c+bc$이면 $a=c$

힘센
정리

❶ 등호는 수나 식이 서로 같음을 나타내는 기호.

❷ 등호를 사용해 나타낸 식이 등식.

❸ 등식은 참인 등식과 거짓인 등식이 있다.

❹ 참인 등식에서는 양변에 같은 수를 더하거나, 빼거나, 곱하거나, 0이 아닌 수로 나누어도 등식은 성립한다.

02
미지수

오늘
나는

미지수를 이해하고
활용한 식을 세울 수 있어요.

교과연계　∞ **중등** 문자와 식

한 줄 정리

값이 정해지지 않았거나 값을 알 수 없어 구해야 하는 수를 미지수라고 해요.

예시

x, y, z

설명 더하기

초등학교 때에는 미지수를 '어떤 수' 또는 '네모(□)' 등으로 표시했어요. 중학교와 고등학교에서는 보통 문자 x, y, z를 써서 표기해요. 물리적 성질에 따라 시간은 t, 거리는 d, 길이는 l 등으로 쓰기도 합니다. 그러나 알파벳으로 표기했다고 반드시 미지수라고는 할 수 없어요. $ax+b(a, b$는 상수)에서 x는 미지수이지만 a, b는 상수예요. 아직 정해지지 않은 상수라는 의미로 '미정 계수'라고도 하죠.
또한 원주율 π나 허수 i 등은 문자로 쓰지만 정확한 숫자의 값을 몰라서 사용한 상수예요. 그래서 미지수라고 하지 않아요.

상수　178쪽
변하지 않고 항상 일정한
값을 가지는 수.

허수　1권 230쪽
제곱하여 −1이 되는 수.

문해력 UP!

미 未　아직, ~하지 못하다
지 知　알다　　　➔ 아직 알지 못하는 수
수 數　수, 계산

미지수가 왜 필요해?

문자를 사용한 식을 배우면 추상적이고 막연했던 문제를 구체화할 수 있어요. 미지수를 사용해 식을 세운다는 것은 모르는 그 무언가를 '안다'라고 가정하고 식을 만들어서 '그 식을 풀기만 하면 모르는 그 무언가를 찾을 수 있다'라는 원리예요.

다음의 문제를 단계에 맞춰서 해결해 봅시다.

"오리와 토끼가 총 10마리가 있는데 다리 수를 세어 보니 30개예요.
 오리와 토끼는 각각 몇 마리일까요?"

오리를 x마리라고 하면 토끼는 $(10-x)$마리이고,
오리와 토끼는 다리가 각각 2개, 4개씩 있으므로
오리 x마리의 다리 수는 $2x$개, 토끼 $(10-x)$마리의 다리 수는 $4(10-x)$개
그런데 다리의 총 개수가 30개라고 했으므로 등식은 다음과 같아요.

$$2x + 4(10-x) = 30$$

좌변은 분배법칙을 이용해서 정리하고 동류항을 계산해요.

$$2x + 4(10-x) = 30$$
$$2x + 40 - 4x = 30$$
$$40 - 2x = 30$$

이젠 미지수 x를 예상해 볼까요? $x=4$이면 좌변은 $40-8=32$
$x=5$이면 좌변은 $40-10=30$ 따라서 오리는 5마리라는 것을 알 수 있어요.

미지수 x는 양수일까? 음수일까?

대부분 학생이 양수는 양의 부호가 생략된 것, 음수는 음의 부호($-$)를 가진 수로 생각하기 때문에 2는 양수, -2는 음수로 알고 있어요. 그렇다면 미지수 x는 양수, $-x$는 음수일까요? 답은 "아니오"예요.
왜냐하면 미지수는 무엇이든 될 수 있는 수이기 때문이에요. 즉, $x=-2$라고 하면 x는 음수, $-x$는 양수입니다.

절댓값 　　1권 190쪽
수직선 위에서 0에 대응
하는 점과 어떤 수에 대
응하는 점 사이의 거리.

미지수 x는 양수일 수도 있고, 음수일 수도 있어요. 그러므로 "미지수 x의 부호는 무엇일까?"라는 질문에 답은 "알 수 없습니다"예요.

참고 $\sqrt{a^2} = |a|$

(절댓값 기호는 모든 수와 미지수를 양수로 만드는 마술 기호)

미지의 세계를 찾아서

사람들은 누구나 미지의 세계에 대한 호기심이 있고, 한 번쯤 탐험하길 원합니다. 사람의 발길이 닿지 않은 아프리카 오지, 바다 깊은 곳, 우주에 무엇이 있는지 알기 위해 탐사선을 보내기도 해요.

그러나 미지의 세계를 탐험하는 일에는 두려움이 앞서지요. 따라서 탐험하기 전에는 반드시 여러 가지 정보를 바탕으로 철저한 준비가 필요합니다. 인류는 오랜 시간 쌓아 온 경험을 기반으로 새로운 곳을 탐험했고, 그곳에서 수집한 정보들은 또 다른 탐험의 밑거름이 되었습니다. 두려움 때문에 시작도 하지 않았다면 인류는 발전하지 못했을 거예요.

수학에서 미지수를 찾아 나가는 과정은 탐험과 같습니다. 수학 문제를 풀다 보면 '무엇을 미지수라고 하지?' '식을 어떻게 세우지?' '이 식이 맞는 걸까?' 하는 두려움이 생기곤 하죠. 그러나 두려움 때문에 시작조차 하지 않는다면 그 문제는 절대로 해결할 수 없어요. 수학 문제는 미지수를 구하기 위한 정보라고 생각해 보세요! 정보를 정확히 분석해서 식을 세우고, 그 식을 푸는 방법으로 미지수를 구할 수 있어요. 그러니 식 세우기를 두려워하지 마세요. 식을 세우는 과정 자체가 미지수를 구하는 가장 강력한 단서입니다.

백쌤의
한마디

미지수가 1개인 식도 있고, 여러 개인 식도 있어요. 미지수가 1개일 때는 단서가 되는 식도 1개만 있으면 미지수를 구할 수 있어요. 미지수가 2개일 때에는 단서가 되는 식도 2개가 필요하고요. 그런데 미지수가 2개인데 식이 1개인 경우가 있어요. 이런 방정식을 **부정방정식**이라고 해요. 부정방정식을 풀 땐 수의 조건에서 다른 단서를 하나 더 찾아야 해요. 정수인 경우의 조건과 실수인 경우의 조건에 따라 해를 구해요.

> 미지수 1개 ➡ 식 1개 (단서 1)
> 미지수 2개 ➡ 식 2개 (단서 2)
> 미지수 2개 ➡ 식 1개 (단서 1), 수의 조건 (단서 2)

1 다음 중 미지수가 1개인 일차식은 모두 몇 개일까요?

$$2x-4 \qquad 3xy \qquad -\frac{2}{x} \qquad 2ab-2a-2ab \qquad mx+n\,(m,\ n\ 상수)$$

2 다음을 미지수를 사용한 식으로 나타내세요.

(1) 낮의 시간이 x시간일 때 밤의 시간

(2) 십의 자리의 수가 x일 때 십의 자리 수와 일의 자리 수의 합이 8인 두 자리 자연수

(3) 100미터를 x분 동안 달렸을 때 속력

힘센
정리

❶ 미지수는 그 값을 알지 못해 구해야 하는 수.

❷ 보통 문자 x, y, z로 미지수를 나타낸다.

03

상수와 변수

오늘 나는

상수와 변수를 정확히 알고
구별할 수 있어요.

교과연계 ∞ **중등** 문자와 식

한 줄 정리

변하지 않고 항상 일정한 값을 가지는 수를 상수라 하고,
값이 정해지지 않아 변할 수 있는 수를 변수라고 해요.

예시

상수: $1, 2, 3, \pi, e$
변수: x, y, z

설명 더하기

$2x+1$, $3x+2$와 같은 x에 대한 일차식을 일반적으로 $ax+b$(단, a, b는 상수, $a \neq 0$)라고
씁니다. 여기서 항은 ax와 b 2개예요. ax는 x에 대한 일차항이고, b는 상수항이에요. 여기서
상수는 a, b이고, 변수는 x는 입니다. 쉽게 생각하면 1은 그냥 1이에요. 항상 1이지요. 여러분
이 알고 있는 숫자는 변하지 않고, 항상 일정하니까 상수예요. 하지만 x는 1이 될 수도, 2가 될
수도 있어요. 즉, 변할 수 있어요. 그래서 변수입니다. 미지수도 방정식에서 풀어야 하는 값을
나타내는 변수 중의 하나인 것이죠.

방정식　186쪽
미지수의 값에 따라 참
또는 거짓이 되는 등식.

문해력 UP!

상 常　똑같다, 항상　　**수** 數　숫자　　→ 변하지 않는 수
변 變　변하다, 변화　　**수** 數　숫자　　→ 변하는 수

변수가 필요한 이유

변수는 값이 정해지지 않아서 변할 수 있는 수라고 했는데 그렇다면 확실하지도 정확하지도 않은 수가 왜 필요할까요? 예를 들어서 4인용 식탁 1세트를 구입하면 의자 4개가 1세트예요. 그럼 식탁 2세트를 구입하면 의자는 몇 개죠? 네, 8개죠. 이것을 표로 만들어 볼까요?

식탁 세트 수	1	2	3	⋯
의자의 개수	4	8	12	⋯

식탁 세트의 수를 x라고 하면 의자 개수는 $4x$개입니다. 식탁을 판매하는 회사에서는 '4인용 식탁 세트에는 의자 개수가 $4x$개'라고 적어 놓으면 식탁 몇 세트가 한꺼번에 주문이 들어온다고 해도 의자의 개수를 쉽게 알 수 있어요. 이때 식탁 세트의 수 x가 변수입니다. x가 변하면 의자 개수인 $4x$도 같이 변하게 돼요.

참고 정확한 수학적 용어로는 x를 독립변수, $4x$를 종속변수라고 해요. 여기서 '독립'은 '~에 다른 것에 영향을 받지 않는다'는 뜻이고, '종속'은 '~에 영향을 받는다'는 뜻이에요. 즉, x의 값이 변함에 따라서 $4x$도 변하게 된다는 뜻이지요.

독립변수

: 다른 변수에 영향받지 않고 독립적으로 변화하는 수예요.

무엇이 상수일까?

변하지 않고 항상 일정한 값을 가지는 수를 상수라고 했어요. 우리가 알고 있는 수학에서 다루는 수들을 상수라고 생각하면 돼요.

① 정수, 유리수, 무리수는 모두 상수예요.

예 1, 2, 3, $\dfrac{1}{2}$, $\dfrac{1}{3}$, $\sqrt{2}$, $\sqrt{3}$

종속변수

: 독립변수의 영향을 받아 값이 변화하는 수예요.

② 상수라고 언급되었으면 상수예요.

예 $ax+b$(단, a, b는 상수), c: 상수

③ 문자로 표기했지만 무리수를 나타내는 수는 상수예요.

예 원주율 π, 자연상수 e

참고 고등학교 과정에서는 실수보다 더 큰 영역인 복소수까지 배우게 돼요.
$\sqrt{-1}=i$로 쓰는데 허수 i도 상수예요.

복소수

: 실수와 허수의 합으로 이루어진 수예요.

컴퓨터 프로그램에 있는 상수와 변수

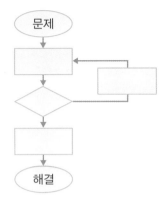

문제

해결

컴퓨터 프로그램 데이터에도 상수와 변수가 있어요. 컴퓨터 역시 수학을 토대로 만들어졌기 때문에 자세히 보면 수학 용어와 개념이 꽤 많이 담겨 있답니다. 그렇다면 컴퓨터에는 왜 상수와 변수가 필요할까요?

컴퓨터는 스스로 무언가를 판단하고 처리할 능력이 없어요. 정확하게 무엇을 해야 할지 처리 내용과 순서를 구체적으로 알려 주어야만 명령을 수행합니다. 이런 규칙을 알고리즘이라고 해요. 컴퓨터는 데이터가 들어오면 미리 입력된 알고리즘에 맞춰 실행합니다. 당연히 들어오는 데이터에 따라서 결과의 값이 달라져야 하고요. 그런데 모든 경우의 알고리즘을 미리 저장할 수는 없으니 변수를 이용하는 거예요. 데이터가 변하면 그 결과의 값도 달라지도록 말이죠.

예를 들어 평균을 계산하는 프로그램이 있다고 생각해 보세요. 평균을 구하는 식은 들어온 점수들 $x_1, x_2, x_3, \cdots, x_n$를 모두 더해 들어온 데이터의 개수인 n으로 나누는 것이에요.

$$평균 = \frac{x_1 + x_2 + x_3 + \cdots + x_n}{n}$$

이렇게 변수를 이용해서 식을 저장해 두면 어떤 데이터가 들어와도 그에 따른 결과의 값인 평균을 계산할 수 있어요.

백쌤의 한마디

혹시 이런 노래 아나요? "하나면 하나지 둘이겠느냐. 둘이면 둘이지 셋이겠느냐. 셋이면 셋이지 넷은 아니야. 넷이면 넷이지 다섯 아니야. 랄라랄라 라라라라 랄라랄라라." 만화 <영심이>에 나오는 <숫자송>입니다. 이 노래를 들으면 상수가 생각나요. 1은 그냥 1이고, 2는 그냥 2죠. 항상 그런 항상 수. 그래서 상수라고 해요.

1 한 변의 길이가 x센티미터인 정삼각형이 있어요. 물음에 답하세요.

(1) 둘레의 길이를 식으로 나타내세요.

(2) 위의 식에서 상수는 ( )이고, 변수는 ( )예요.

(3) 한 변의 길이가 4센티미터일 때, 정삼각형 둘레의 길이를 구하세요.

2 지훈이는 용돈을 10000원을 받아서 1500원짜리 샤프 x개와 500원짜리 지우개 y개를 사려고 해요. 거스름돈에 대한 식을 세우세요.

해결 과정

① 1500원짜리 샤프 x개의 값은 ( )원

② 500원짜리 지우개 y개의 값은 ( )원

③ 1만 원을 내고 받은 거스름돈에 대한 식은 ( )

힘센 정리

❶ 상수는 변하지 않고 항상 일정한 값을 가지는 수.

❷ 변수는 값이 정해지지 않아 변할 수 있는 수.

❸ 변수는 문자로 나타낸다.

04

항등식

오늘
나는

항등식의 성질을 이용해
계수를 찾을 수 있어요.

교과연계 ∞ **중등** 일차방정식

미지수   174쪽
값이 정해지지 않았거나
값을 알 수 없어 구해야
하는 수.

한 줄 정리

미지수가 어떤 값을 갖더라도 항상 참이 되는 등식을 항등식이라고 해요.

예시

$1+2x=2x+1$

설명 더하기

등식   170쪽
등호를 사용해 두 수 또
는 두 식이 같음을 나타
낸 식.

문자와 수의 연산으로 이루어진 등식에서 정해진 미지수가 어떤 값을 갖더라도 항상 참이 되는
등식을 그 문자에 대한 항등식이라고 해요.

예를 들어 등식 $2x+x=3x$는 문자 x가 1일 때 좌변은 3이고, 우변도 3으로 참이에요. 그럼
x가 2일 때를 계산해 볼까요? 좌변은 6이고, 우변도 6으로 참이네요. 이렇게 x에 대한 항등식
은 x가 어떤 값을 가지더라도 항상 참이 되는 등식이에요.

문해력 UP!

항 恒   똑같다, 항상
등 等   같다, 차이가 없다   ➡ 항상 같음을 나타내는 식
식 式   법

0과 1의 항등식

다음은 x에 대한 항등식이에요.

$$x+0=x \qquad 0+x=x$$
$$x\times0=0 \qquad 0\times x=0$$
$$x\times1=x \qquad 1\times x=x$$
$$\frac{x}{1}=x$$

항등식에서 미정계수 찾는 방법

좌변과 우변의 꼴이 같은 식은 항등식이에요. 이러한 항등식의 성질을 이용해서 아직 **정해지지 않은 계수(미정계수)**를 찾을 수 있어요.

$2x+1=ax+b$ (단, a, b는 상수)가 x에 대한 항등식이 되기 위해서는 $a=2$, $b=1$이어야 합니다. 이렇게 좌변 x(일차항)의 계수와 우변 x(일차항)의 계수가 같고, 좌변의 상수항과 우변의 상수항이 같으면 x에 대한 항등식이에요.

이렇게 좌변 우변의 계수들을 천천히 보면서 비교하는 방법을 **계수비교법**이라고 해요.

$$2x + 1 = ax + b$$

그럼 $2x+1=(a-1)x+(b-2)$가 x에 대한 항등식이 되기 위한 상수 a, b의 값을 구해 볼까요?

$$2x + 1 = (a-1)x + (b-2)$$

일차항의 계수 $2=a-1$이므로 $a=3$이고, 상수항 $b-2=1$이므로 $b=3$이에요.

고등학교에 올라가면 항등식에서 계수 구하는 두 가지 방법을 배우게 되는데 그 첫 번째가 중학교 때 배우는 **계수비교법**이고, 두 번째가 **수치대입법**이에요. 수치대입법은 항등식의 x 대신에 어떤 수를 대입해도 항상 성립한다는 성질을 이용해서 수를 대입해 보는 방법이에요.

백쌤의 한마디

세상에서 가장 아름다운 오일러 항등식

$$e^{i\pi} + 1 = 0$$

오일러는 많은 업적을 남긴 수학자입니다. 미국의 한 수학 잡지에서는 2년간의 설문을 통해 그의 '오일러 항등식'을 세상에서 가장 아름다운 수학 공식으로 뽑았습니다.

$e^{i\pi} + 1 = 0$이라는 식에서 여러분이 현재 알고 있는 수는 몇 개인가요? 우선 0과 1 그리고 원주율 π가 있겠네요. 그중 원주율은 3.141592…로 끝을 알 수 없는 무리수입니다. 그런데 어떻게 +1을 해서 0이 나올까요? 무리수만 해도 끝이 없는데 말이죠. 심지어 고등학교에서 배우는 허수 $i(i^2 = -1)$와 자연상수 e(오일러 상수라고 해요)도 있어요. 허수와 무리수가 2개나 있는데 이러한 수에 +1을 하니 0이 나온다고요? 그럼 $e^{i\pi} = -1$이라는 건데, 오일러는 이것을 어떻게 알았을까요?

여러분이 고등학생이 되어서 미적분을 배우게 되면 증명은 가능해요. 그러나 처음 이 식을 생각해 낸 오일러는 정말 대단하다는 생각이 들어요. 아름답다는 표현은 주관적이기 때문에 사람마다 다르게 느끼겠지만 대다수 사람이 이 식을 보고 "우와!" 하는 탄성을 자아낸다면 그것 또한 아름답다는 증거가 되지 않을까요? 여러분이 보기에는 어떤가요? 오일러 항등식을 세상에서 가장 아름다운 수학 공식으로 부를 만한가요?

1 다음 중 항등식인 것은 ○, 아닌 것은 ×표 하세요.

(1) $3+2x=x+x+3$ ( )

(2) $2(x+1)=2x+1$ ( )

(3) $\dfrac{x}{2}+\dfrac{1}{3}=\dfrac{3x+2}{6}$ ( )

2 다음 식이 x에 대한 항등식이 되도록 상수 a와 b의 값을 각각 구하세요.

(1) $ax+3=6b-x$

(2) $3(x-b)=ax+6$

힘센 정리

❶ 미지수가 어떤 값을 갖더라도 항상 참이 되는 등식은 항등식.

❷ x에 대한 항등식은 좌변의 꼴과 우변의 꼴이 같음.

❸ 항등식에서 미정계수를 구하는 방법은 계수비교법과 수치대입법이 있다.

185

05
방정식

방정식이 무엇인지 알고
방정식을 찾을 수 있어요.

교과연계 ∽ **중등** 일차방정식

미지수　174쪽
값이 정해지지 않았거나
값을 알 수 없어 구해야
하는 수.

한 줄 정리

미지수의 값에 따라 참 또는 거짓이 되는 등식을 방정식이라고 해요.

예시

$x+3=5$

설명 더하기

방정식은 미지수를 포함하는 등식으로, 미지수의 값에 따라 참 또는 거짓이 되는 식을 뜻합니다. 방정식을 푼다는 것은 방정식이 참이 되게 하는 미지수의 값을 구하는 거예요. 이때 **방정식이 참이 되게 하는 미지수의 값을 근 또는 해**라고 해요.

일반적으로 방정식에서 구하려고 하는 수, 즉 미지수는 문자 x, y, z 등을 사용합니다. 예를 들어 방정식 $x+2=5$에서 미지수는 x예요. 이 식을 x에 대한 방정식이라고 해요.

문해력 UP!

방 方　사각형
정 程　과정
식 式　법, 방식

➜ 사각형을 이용한 과정으로 답을 찾는 식

방정식 찾는 방법

방정식을 찾기 위해서는 먼저 미지수가 있는지 또는 등식인지를 확인해야 합니다.
그렇다면 미지수가 있고 등식인 항등식은 방정식일까요?
아니요. 항등식은 미지수의 값에 따라 참이 되기도 하고, 거짓이 되기도 하는 등식이
아니라 항상 참인 등식이므로 방정식이 아니에요.

항등식　　182쪽
미지수가 어떤 값을 갖더
라도 항상 참이 되는 등
식.

방정식을 찾는 알고리즘

예를 들어서 $2x+1=3$이 방정식인지 아닌지를 위의 알고리즘에 따라 맞춰 볼까요?

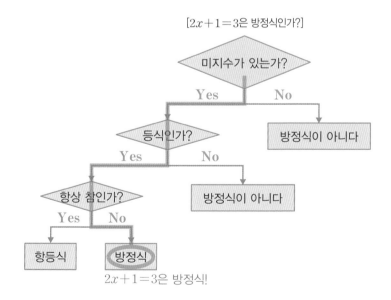

$2x+1=3$은 미지수 x를 포함하고 있어요. 그리고 등식이에요. 따라서 방정식입니다. 미지수가 x에 대한 일차식이면 이를 일차방정식이라고 해요.

$ax+b=0$(단, a, b는 상수, $a \neq 0$) 꼴은 x에 대한 일차방정식이라고 할 수 있어요.

> **일차방정식의 예시**
>
> $x-1=0$ [일차방정식]
>
> $2x+3=0$ [일차방정식]
>
> $x+x=2x$ [일차방정식 아님: 항등식]
>
> $\dfrac{1}{x}+\dfrac{1}{x-1}=0$ [일차방정식 아님: 분수식]

 ## 방정식을 알아야 하는 이유

방정식을 배우는 목적은 모르는 미지수를 안다고 생각하고 식을 세워 미지수를 찾는 것입니다. 방정식의 어원은 중국의 오래된 수학서 《구장산술》에서 찾을 수 있습니다. 이 책 제8장의 제목은 '방정(方程)'인데, '방(方)'은 사각형을 뜻하고 '정(程)'은 '과정'을 말합니다. 미지수 앞에 붙은 여러 개의 계수를 사각형 틀에 넣고, 여러 번 더하고 빼면서 답을 찾아가는 과정을 의미합니다. 고대 바빌로니아 왕국의 점토판과 파피루스에도 방정식이 적혀 있어요. 이 정도면 방정식은 인류와 함께했다고 해도 과언이 아니죠.

참고 수학식 ─┬─ 등식 ─┬─ 항등식 $(2x+1=1+2x)$
　　　　　　　│　　　　└─ 방정식 $(2x+1=0)$
　　　　　　　└─ 부등식 $(2x>1)$

연립방정식을 이용한 컴퓨터단층촬영

병원에서 건강검진을 할 때 컴퓨터단층촬영 기기를 활용하는 모습을 본 적이 있나요? 흔히 'CT'라고 부릅니다. CT에는 연립방정식의 원리가 담겨 있어요.

 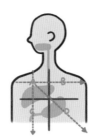

CT는 사람의 몸을 통과하는 X선을 신체 여러 곳에 쬐고, 처음 쏜 양과 몸을 통과한 양의 차이를 이용해서 몸속을 입체적으로 촬영하는 방법이에요. 처음에 쏜 X선의 양을 x라고 하고 다양한 각도에서 미지수를 포함한 여러 개의 일차방정식을 세워 그것을 연립방정식으로 풀어내는 방식입니다. 물론 이 엄청나게 복잡한 연립방정식은 슈퍼컴퓨터를 이용한답니다. 그 결과로 신체 내부의 문제점을 정확히 찾아낼 수 있어요.

백쌤의 한마디

방정식을 풀 때는 그저 답을 찾는 것뿐만 아니라 문제를 푸는 과정에서 서로 어떻게 연관되고, 조건이나 단서를 어떻게 활용하는지에 대한 사고력을 키우는 것이 더욱 중요해요. 이를 위해 중학교 때는 일차방정식을 시작으로 이차방정식과 연립방정식을 배우고, 고등학교에 올라가면 더 많은 종류의 방정식을 배웁니다. 우리 일상생활 속에도 방정식으로 풀 수 있는 문제가 아주 많습니다. 그러니 기초부터 탄탄하게 쌓아야겠죠?

1 다음 식 중에서 방정식과 항등식을 찾고, 방정식은 '방', 항등식은 '항'이라고 쓰세요.

(1) $\dfrac{2-x}{2}=x+1$　　　　(　)

(2) $x-1=-1+2x-x$　　(　)

(3) $3(x-1)=4x+2$　　　(　)

2 다음 중 x에 대한 일차방정식은 모두 몇 개일까요?

$$x(x-2)=x^2 \qquad \dfrac{1}{x-1}=0 \qquad 2x+1=1+x+x$$
$$3(x+1)=2x+2 \qquad \sqrt{x^2-1}=1$$

힘센 정리

❶ 방정식은 미지수의 값에 따라 참 또는 거짓이 되는 등식.

❷ 항등식은 방정식이 아니다.

❸ x에 대한 일차식인 방정식은 일차방정식.

06
해

> 등식의 성질을 이용해
> 해를 구할 수 있어요.

교과연계 ◯◯ **중등** 일차방정식

한 줄 정리

방정식을 참이 되게 하는 미지수의 값을 해(또는 근)라고 불러요.

예시

$x+1=3$의 해: $x=2$

설명 더하기

방정식 $x+1=3$에서 $x=1$을 대입하면 좌변은 2이고 우변은 3으로 그 값이 같지 않아요.
$x=2$를 대입하면 좌변과 우변이 모두 3이 되어서 등식은 참이 돼요. 이렇게 방정식을 참이 되게 하는 미지수의 값 $x=2$를 해 또는 근이라고 합니다.
x에 대한 일차방정식에서 참이 되게 하는 x의 값을 구하는 것을 '방정식을 푼다'라고 해요. 미지수 x값은 자연수, 정수, 유리수 심지어 무리수가 될 수도 있습니다. 경우의 수가 너무 많기 때문에 보통은 등식의 성질을 이용해 빠르게 해를 구합니다.

방정식 186쪽
미지수의 값에 따라 참 또는 거짓이 되는 등식.

미지수 174쪽
값이 정해지지 않았거나 값을 알 수 없어 구해야 하는 수.

해 解 풀다, 해결하다 → 문제를 풀다

일차방정식의 해

다음 일차방정식에 x의 값 대신에 [ ] 안의 수를 대입해 참인지 거짓인지 판단하세요.

$2(x-1)=4$　　　[1]
$x=1$을 대입하면 좌변은 $2 \times (1-1)=0$이므로 $0 \neq 4$ 등식은 거짓

$2(x-1)=4$　　　[2]
$x=2$을 대입하면 좌변은 $2 \times (2-1)=2$이므로 $2 \neq 4$ 등식은 거짓

$2(x-1)=4$　　　[3]
$x=3$을 대입하면 좌변은 $2 \times (3-1)=4$이므로 $4=4$ 등식은 참

따라서 $2(x-1)=4$의 해는 $x=3$이에요.

등식의 성질을 이용한 일차방정식의 해

등식의 성질

① 등식의 양변에 같은 수를 더해도 등식은 성립한다.
　→ $a=b$이면 $a+c=b+c$

② 등식의 양변에 같은 수를 빼도 등식은 성립한다.
　→ $a=b$이면 $a-c=b-c$

③ 등식의 양변에 같은 수를 곱하여도 등식은 성립한다.
　→ $a=b$이면 $ac=bc$

④ 등식의 양변을 0이 아닌 같은 수로 나누어도 등식은 성립한다.
　→ $a=b$이면 $\dfrac{a}{c}=\dfrac{b}{c}$ (단, $c \neq 0$)

$2(x-1)=4$의 해를 위의 등식의 성질을 이용해 구해 볼까요?

$$2(x-1)=4 \quad \text{분배법칙}$$
$$2x-2=4 \quad \text{양변에 2를 더한다.}$$
$$2x-2+2=4+2$$
$$2x=6 \quad \text{양변을 2로 나눈다.}$$
$$\frac{2x}{2}=\frac{\overset{3}{6}}{2}$$
$$x=3$$

① 분배법칙을 이용해 괄호를 풀고, 등식의 성질을 이용해
$ax=b$(단, a, b는 상수, $a \neq 0$)의 꼴이 되도록 한다.

② 양변을 a로 나누어서 $x=\dfrac{b}{a}$인 해를 구한다.

등식   170쪽
등호를 사용해 두 수 또는 두 식이 같음을 나타낸 식.

백쌤의 한마디

"방정식이 너무 어려워요!"

아마 등식의 성질이 익숙하지 않아서 그럴 거예요. 지금까지는 보통 식을 왼쪽에서 오른쪽으로 썼죠.

$$15-2^2 \times 3=15-4 \times 3=15-12=③ \quad \text{답}$$

등식의 성질을 이용해 해를 구할 때는 식을 적는 방식이 조금 달라요. 등호를 기준으로 양변을 모두 적고, 등호를 아래로 써야 합니다. 양팔 저울의 원리를 생각하세요. 예를 들어 $x-1=3$에서 양변에 1을 더한다고 할 때는

$$x-1=3$$
$$x-1+1=3+1$$
$$x=4$$

이렇게 등호를 줄 맞추면서 아래쪽으로 식을 쓰세요. 좌변과 우변을 함께 아래로 쓰는 거예요!

주의! 방정식의 '해'는 다른 말로 '근'이라고 해요. 중학생이 되면 실수인 근을 줄여서 '실근'이라고도 합니다. 여기서 주의할 점은 '실해'라는 말은 사용하지 않는다는 거예요. 고등학생이 되면 허수인 근 '허근'을 배우는데 역시나 '허해'라는 말은 사용하지 않습니다.

$3 \div 0 = ?$

계산기로는 무엇이든 계산할 수 있을까요? 지금 당장 계산기를 꺼내서 $3 \div 0$을 눌러 보세요.

그럼 오류 메시지를 볼 수 있을 거예요.

나눗셈은 뺄셈의 원리에서 나왔어요. 예를 들어서 6개의 빵을 2명에게 똑같이 나누어 줄 때, 한 사람이 받는 빵의 개수는 몇 개일까요? 뺄셈의 원리를 이용하면 6개를 2명에게 1개씩 나누어 줄 수 있어요.

그럼 빵은 $6 - 2 = 4$, 즉 4개가 남아요.

다시 4개를 2명에게 1개씩 주면 $4 - 2 = 2$, 그다음은 $2 - 2 = 0$.

이렇게 세 번씩 나눠서 한 사람이 받는 빵의 개수는 3개가 됩니다.

이 복잡한 과정을 나눗셈을 이용해 $6 \div 2 = 3$이라고 쉽게 계산하는 것이죠.

그렇다면 3개의 빵을 0명에게 똑같이 나누어 줄 때, 한 사람이 받는 빵의 개수는 몇 개일까요?

$3 - 0 = 3$, $3 - 0 = 3 \cdots$

계속 0을 빼도 여전히 3개가 되겠죠? '0명'에게 나눈다는 것은 애초에 나눌 사람도, 나눌 필요도 없다는 뜻이니 식 자체가 성립되지 않습니다.

1 다음 괄호 안의 수가 일차방정식의 해가 되는 것을 찾으세요.

ㄱ. $2x-1=3$ [2]

ㄴ. $2(x-1)+1=3$ [1]

ㄷ. $\dfrac{2-x}{4}=\dfrac{1}{2}$ [0]

2 다음 일차방정식의 해를 구하는 과정에서 사용한 등식의 성질을 쓰세요.

> ㄱ. $a=b$이면 $a+c=b+c$
>
> ㄴ. $a=b$이면 $a-c=b-c$
>
> ㄷ. $a=b$이면 $ac=bc$
>
> ㄹ. $a=b$이면 $\dfrac{a}{c}=\dfrac{b}{c}$
>
>   (단, a, b는 상수, c는 자연수)

$3x-4=5$
$3x-4+4=5+4$ ((1)   )

$3x=9$
$\quad x=3$ ((2)   )

**힘센
정리**

❶ 방정식을 참이 되게 하는 미지수의 값을 해(또는 근)라고 한다.

❷ 해는 등식의 성질을 이용해 구한다.

❸ 등식의 양변을 같은 수로 나눌 때는 0이 아닌 수로 나눈다.

07

이항

이항을 이용하여 일차방정식의
해를 구할 수 있어요.

교과연계 ∞ **중등** 일차방정식

등식의 성질 171쪽
좌변과 우변이 같은 경우 양변에 같은 수를 더하거나 빼거나 곱하거나 0이 아닌 수로 나누어도 그 값은 서로 같음.

한 줄 정리

등식의 성질을 이용해 한 변에 있는 항의 부호를 바꾸어 다른 변으로 옮기는 것을 이항이라고 해요.

예시

$2x - 1 = 3 \rightarrow 2x = 3 + 1$

이항

설명 더하기

등식의 양변에 같은 수를 더하거나 빼도 등식이 성립한다는 성질을 이용해, 등식의 한 변에 있는 항의 부호를 바꾸어 다른 변으로 옮기는 것을 이항이라고 해요. 실제로 항이 이동한 것이 아니라 양변에 같은 수를 더한 것이지만 그 결과가 이동한 것과 같습니다. '항이 이사를 했다'라고 생각하면 기억하기 쉬울 거예요.

상수항뿐만 아니라 미지수나 문자로 이루어진 항도 이항할 수 있어요. 그래서 좌변에는 x에 대한 일차항을 모으고 우변에는 상수항을 모아서 일차방정식의 해를 구할 수 있습니다.

미지수 174쪽
값이 정해지지 않거나 값을 알 수 없어 구해야 하는 수.

문해력 UP!

이 移 옮기다
항 項 항목

→ 항을 옮긴다

이항은 이렇게 해요

아래 식에서는 양변에 같은 수 2를 더했어요. 그 결과만 보면 좌변의 2가 우변으로 이항하면 $+2$가 된 것처럼 보여요. 이렇게 $+$는 이항하면 $-$이고, $-$는 이항하면 $+$가 돼요.

일차방정식 $2x-3=4-x$에서 이항을 이용해 좌변에는 일차항, 우변에는 상수항이 되도록 할게요. 좌변에 -3을 우변으로 이항하면 $+3$이 되고, 우변에 $-x$를 좌변으로 이항하면 $+x$가 돼요.

$$2x \overset{\frown}{-3} = 4 \overset{\frown}{-x}$$
$$2x + x = 4 + 3$$

좌변에 일차항들만 있으니 동류항끼리 계산하면 $3x=7$입니다.

이제 양변을 x의 계수인 3으로 나누면 $x=\dfrac{7}{3}$이에요.

동류항   143쪽
다항식에서 문자와 차수가 각각 같은 항.

일차방정식을 푸는 방법

① 괄호는 분배법칙을 이용해서 전개한다.

② x에 대한 일차항은 좌변으로, 상수항은 우변으로 이항한다.

③ $ax=b$(단, a, b는 상수, $a \neq 0$)꼴이 되도록 동류항을 계산한다.

④ 양변을 a로 나누어 방정식의 해 $x=\dfrac{b}{a}$를 구한다.

위의 방법을 이용해 일차방정식 $2(x-2)=3(x-2)$의 해를 구해 볼까요?

$$2(x-2)=3(x-2)$$
분배법칙
$$2x-4=3x-6$$
이항
$$2x-3x=-6+4$$
$$-x=-2$$
$$\therefore x=2$$

일차방정식의 계수가 분수나 소수일 때

계수가 분수나 소수인 복잡한 일차방정식은 계산하다가 실수할 수 있어요. 그럴 때는 계수를 정수가 되도록 식을 고쳐서 계산하면 좋습니다.

① 계수가 분수인 경우 : 양변에 분모의 최소공배수를 곱해요.

　주의! 분자의 항이 2개 이상인 경우 반드시 괄호부터 풀어요.

예를 들어 일차방정식 $\dfrac{x+1}{2} + \dfrac{x-2}{3} = 2$의 해를 구해 볼까요?

$$\dfrac{x+1}{2} + \dfrac{x-2}{3} = 2$$

괄호 먼저

$$\dfrac{(x+1)}{2} + \dfrac{(x-2)}{3} = 2$$

분모 2와 3의
최소공배수 6을 곱한다.

$$6 \times \dfrac{(x+1)}{2} + 6 \times \dfrac{(x-2)}{3} = 6 \times 2$$

$$3 \times (x+1) + 2 \times (x-2) = 12$$

분배법칙

$$3x + 3 + 2x - 4 = 12$$

동류항 계산

$$5x - 1 = 12$$

이항

$$5x = 12 + 1$$

$$\dfrac{5x}{5} = \dfrac{13}{5}$$

양변을 5로 나눈다.

$$\therefore x = \dfrac{13}{5}$$

② 계수가 소수인 경우 : 양변에 10의 거듭제곱을 곱해요.

예를 들어 일차방정식 $0.3x + 1 = 0.2 - 0.5x$의 해를 구해 볼까요?

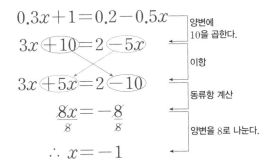

$$0.3x + 1 = 0.2 - 0.5x$$

양변에
10을 곱한다.

$$3x + 10 = 2 - 5x$$

이항

$$3x + 5x = 2 - 10$$

동류항 계산

$$\dfrac{8x}{8} = \dfrac{-8}{8}$$

양변을 8로 나눈다.

$$\therefore x = -1$$

너의 나이와 생일을 맞출 수 있어!

다음의 3단계를 거치면 상대방이 태어난 달과 나이를 맞출 수 있습니다.

　　1단계: 태어난 달을 2배로 한 뒤 5를 더하세요.

　　2단계: 나온 수에 50을 곱한 다음 나이를 더하세요.

　　3단계: 나온 수에서 250을 빼세요.

예를 들어 상대방이 '11월에 태어난 15살'이라고 가정하고, 이 사람의 태어난 달과 나이를 구해 볼까요?

　　1단계: $11 \times 2 + 5 = 27$

　　2단계: $27 \times 50 + 15 = 1365$

　　3단계: $1365 - 250 = 1115$

결과가 1115이네요. 그렇다면 이 사람은 11월에 태어난 15살이에요. 어떻게 이러한 결과가 나오게 되는 것일까요? 태어난 달을 x, 나이를 y라고 한 후 3단계에 맞게 식을 만들어 보세요.

$(2 \times x + 5) \times 50 + y - 250$

이제 이 식을 간단히 해볼게요.

$(2 \times x + 5) \times 50 + y - 250$
$= 100x + 250 + y - 250$
$= 100x + y$

결과는 항상 태어난 달에 100을 곱하고 나이를 더하는 식이 나오게 돼요. 즉, 백의 자리 이상의 수가 태어난 달이 되고 십의 자리와 일의 자리에 나오는 수가 나이가 되는 것입니다. 주의점! 나이가 100을 넘으면 십의 자리 이상의 수가 되니 100세 이상이신 분께는 하지 마세요.

백쌤의 한마디

"초등학교 때는 수학을 잘했어요! 지금도 마음만 먹으면 잘할 수 있는데 그게 잘 안 돼요."

실제로 많은 학생이 하는 말이에요. 물론 긍정적으로 생각하는 것은 좋아요. 그리고 누구나 마음만 먹으면 잘할 수 있는 것도 사실이고요. 그런데 생각만 하는 것은 아무 소용이 없어요. "시작이 반이다"라는 말도 있잖아요? 앞으로 여러분의 인생을 더 가치 있게 살고 싶다면 지금 바로 시작하세요. 수학은 중간중간 힘들더라도 포기하지 않고 꾸준한 자세로 열심히 한 학생들이 실력으로 보답 받는 과목이랍니다.

1 다음 일차방정식의 해를 구하세요.

(1) $3(x-1)=\dfrac{x}{2}-1$

해결 과정

$3(x-1)=\dfrac{x}{2}-1$ 양변에 2를 곱해요.

$\bigcirc \times (x-1)=\bigcirc \times \dfrac{x}{2}-\bigcirc$ 분배법칙을 이용해요.

$\bigcirc - \bigcirc = \bigcirc \times x - \bigcirc$ 이항해서 해를 구해요.

(2) $0.2-\dfrac{x+1}{2}=\dfrac{1-x}{5}$

해결 과정

$0.2-\dfrac{x+1}{2}=\dfrac{1-x}{5}$ 양변에 ( )를 곱해요.

$\bigcirc \times 0.2 - \bigcirc \times \dfrac{(x+1)}{2} = \bigcirc \times \dfrac{(1-x)}{5}$ 약분해요.

$\bigcirc - \bigcirc \times (x+1) = \bigcirc \times (1-x)$ 분배법칙을 이용하고 해를 구해요.

힘센 정리

❶ 이항은 한 변의 항을 다른 변으로 옮기는 것.

❷ +를 이항하면 −, −를 이항하면 +

❸ 계수가 복잡한 일차방정식은 계수를 정수로 만든 후에 이항해서 해를 구한다.

쉬어 가기 징검다리 건너기

※ 다음 징검다리는 일차방정식의 해가 2인 곳만 건너갈 수 있어요.
  일차방정식의 해를 구해서 강을 안전하게 건너 보세요.

$-x-1=-3x+3$

$x-6=-2x-3$

$4x-4=2x+2$

$\dfrac{1}{2}x+\dfrac{5}{2}=4$

$\dfrac{1}{5}x-\dfrac{4}{5}=-\dfrac{2}{5}$

$x-\dfrac{1}{4}=\dfrac{3}{4}$

$6x-8=-2$

$4x-5=7$

$5x-12=-2$

$2x+6=14$

$3x+9=15$

$7x+2=23$

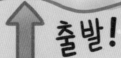

출발!

부분분수식

오늘
나는

부분분수식이 무엇인지 알고
부분분수식을 계산할 수 있어요.

교과연계 ∞ **중등** 일차방정식 ∞ **고등** 유리식과 유리함수

차수 137쪽
항에서 문자가 곱해진 개
수.

[한 줄 정리]

분수에서 **분모의 차수를 낮추는 데 사용하는 식**을 부분분수식이라고 해요.

[예시]

$$\frac{1}{x(x+1)} = \frac{1}{x} - \frac{1}{x+1}$$

[설명 더하기]

부분분수식은 **분모가 어떤 두 수의 곱이나 두 식의 곱으로 되어 있을 때, 이것을 따로 쓰는 방법**이에요. 분수에서 분모의 차수를 낮추는 데 사용됩니다. 부분분수식으로 얻은 분모는 처음 분모가 가졌던 약수(인수)의 일부분으로 구성되기 때문에 '부분분수'라는 용어를 쓴 것이라고 해요.

약수 1권 114쪽
어떤 정수를 나누어떨어
지게 하는 0이 아닌 정수.

문해력 UP!

부 部 마을, (작은) 집단
분 分 나누다, 부분
분 分 나누다, 부분   → (분모가 곱으로 이루어진) 분수의 부분
수 數 숫자, 계산하다

부분분수식으로 풀어 보자

$$\frac{1}{AB} = \frac{1}{B-A}\left(\frac{1}{A} - \frac{1}{B}\right)$$

$$(\text{단, } A \neq B, \ A \neq 0, \ B \neq 0)$$

예를 들어 $\frac{1}{6}$ 은 $\frac{1}{2 \times 3}$ 과 같아요. 그리고 이 식은 $\frac{1}{2 \times 3} = \frac{1}{2} - \frac{1}{3}$ 과 같습니다.

즉, $\frac{1}{6} = \frac{1}{2} - \frac{1}{3}$ 로 쓸 수 있어요. 그럼 이렇게 바꾼 식을 어디에, 어떻게 사용할까요?

$\frac{1}{2} + \frac{1}{6} + \frac{1}{12} + \frac{1}{20}$ 을 계산해 보세요.

분모 2, 6, 12, 20의 최소공배수를 구해서 통분해야 할까요? 아니에요!

위의 식을 이용해 볼게요.

$$\frac{1}{2} + \frac{1}{6} + \frac{1}{12} + \frac{1}{20} = \frac{1}{1 \times 2} + \frac{1}{2 \times 3} + \frac{1}{3 \times 4} + \frac{1}{4 \times 5}$$

$$= \left(\frac{1}{1} - \frac{1}{2}\right) + \left(\frac{1}{2} - \frac{1}{3}\right) + \left(\frac{1}{3} - \frac{1}{4}\right) + \left(\frac{1}{4} - \frac{1}{5}\right)$$

$$= 1 - \frac{1}{5} = \frac{4}{5}$$

문자를 사용한 식에서도 같은 방법으로 부분분수식을 만들어 봐요.

$$\frac{1}{x(x+1)} + \frac{1}{(x+1)(x+2)} + \frac{1}{(x+2)(x+3)}$$

$$= \left(\frac{1}{x} - \frac{1}{x+1}\right) + \left(\frac{1}{x+1} - \frac{1}{x+2}\right) + \left(\frac{1}{x+2} - \frac{1}{x+3}\right)$$

$$= \frac{1}{x} - \frac{1}{x+3}$$

$$= \frac{3}{x(x+3)}$$

**힘센
정리**

❶ 복잡한 식을 간단히 하고 싶을 때는 부분분수식을 이용!

❷ 규칙적으로 연속된 수들의 곱이 분모로 된 식에서 부분분수식을 이용!

EBS 수학의 백신과 함께 중등수학 완벽대비

수학의 문해력

정답과 풀이

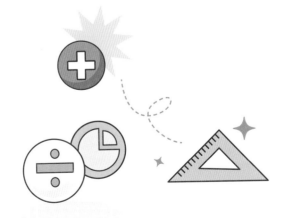

1 수식의 세계

01 식   본문 17쪽

1 (1) $500 \times 4 = 2000$
   (2) $5000 - 1500 \times 2 = 2000$

2 $\dfrac{133}{8}$

풀이

아하를 7이라고 가정하면

아하와 아하의 $\dfrac{1}{7}$의 합은 식으로 $(7 + 7 \times \dfrac{1}{7})$

이 식을 계산하면 결과의 값은 (8)이에요.

그런데 실제 합이 (19)가 나와야 해요.

비례식으로 나타내면

19 : (7이라고 가정해서 나온 수)

= (아하) : (처음에 가정한 수 7)

19 : (8) = (아하) : 7

비례식을 풀면 (아하)= ($\dfrac{133}{8}$)이 돼요.

02 가르기와 모으기   본문 21쪽

1 6가지

정육면체 주사위에는 1부터 6까지의 눈이 있어요.

2개의 주사위를 동시에 던져서 합이 7이 되는 경우는

7을 가르기를 하는 방법과 같아요.

즉 $(1, 6)$, $(2, 5)$, $(3, 4)$, $(4, 3)$, $(5, 2)$, $(6, 1)$

이렇게 6가지예요.

2 11, 26

해설

$14 = 3 + (11)$, $5 + 21 = (26)$

03 덧셈   본문 26쪽

1 (1) 93

해결 과정

$88 + 5 = 93$ 또는 $88 + 5 = 93$
② ③   83 5

(2) 73

$$\begin{array}{r} 1 \\ 4\ 5 \\ +\ 2\ 8 \\ \hline 7\ 3 \end{array}$$

2 ① 덧셈의 결합법칙, ② 덧셈의 교환법칙

참고 결합법칙, 교환법칙이라고만 쓰면 오답이에요.

04 뺄셈   본문 31쪽

1 (1) 77

$85 - 8 = 77$ 또는 $85 - 8 = 77$
  5 3   75 10
$80 - 3 = 77$ 2
                              77

(2) 17

$$\begin{array}{r} 3 \\ 4\ 5 \\ -\ 2\ 8 \\ \hline 1\ 7 \end{array}$$

2 두연, 결합, 왼쪽

해결 과정

잘못 계산한 학생은 (두연)이에요.

뺄셈에서는 (결합)법칙이 성립하지 않으니까요.

따라서 (왼쪽)부터 순서로 계산해야 해요.

05 곱셈 본문 36쪽

1 (1) 45000

> **해설**
>
> $3 \times 15 = 45$ 따라서 정답은 45000

(2) 0.045

> **해설**
>
> $3 \times 15 = 45$ 따라서 소수 3자리를 이동하여 정답은 0.045

2 (1) 434

> **해설**
>
> 줄긋기 곱셈법으로 계산하면 다음과 같아요.

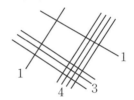 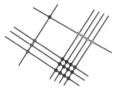

$$14 \times 31 = \qquad 300 + 130 + 4$$

따라서 계산 결과는 $300 + 130 + 4 = 434$

(2) ○＝4, △＝1

> **해설**
>
> $$14 \times 31$$
> $$= (10+4) \times (30+1)$$
> $$= 10 \times 30 + 10 \times 1 + 4 \times 30 + 4 \times 1$$
> $$= 300 + 10 + 120 + 4$$
> $$= 300 + 130 + 4$$
> $$= 434$$

06 나눗셈 본문 41쪽

1 (1) 몫: 19, 나머지: 1

> **해결 과정**
>
> $$\begin{array}{r} 19 \\ 21\overline{)400} \\ \underline{21} \\ 190 \\ \underline{189} \\ 1 \end{array}$$

> **해결 과정**
>
> 분수식을 이용해서 대분수로 나타내요.
>
> $$400 \div 21 = \frac{100}{21} = 19\frac{1}{21}$$

(2) 몫: 0.19, 나머지: 0.001

> **해결 과정**
>
> $$\begin{array}{r} 0.19 \\ 2.1\overline{)0.4} \\ \underline{21} \\ 190 \\ \underline{189} \\ 0.001 \end{array}$$

2 4일

> **해설**
>
> 만약 물약 7밀리리터를 하루에 2밀리리터씩 먹는다면 3일 동안 정량을 먹고 1밀리리터가 남아요. 따라서 정량을 먹을 수 있는 날은 3일이 되겠죠? 같은 방법으로 식을 만들면 (전체 물약의 양)÷(하루에 먹어야 하는 정량)
>
> $$= 6\frac{1}{5} \div 1\frac{1}{2} = \frac{31}{5} \div \frac{3}{2} = \frac{31}{5} \times \frac{2}{3} = \frac{62}{15} = 4\frac{2}{15}$$
>
> 따라서 4일 동안 먹을 수 있어요.

07 나머지와 검산   본문 45쪽

1 $12 \cdots 0.3$

(해결 과정)

$$
\begin{array}{r}
1\,2. \leftarrow 몫 \\
1.1\overline{)13.5} \\
11 \\
\hline
25 \\
22 \\
\hline
0.3 \leftarrow 나머지
\end{array}
$$

검산식: $1.1 \times 12 + 0.3 = 13.5$

2 (어떤 수)$\div 62 = 11 \cdots 7$

(어떤 수)$= 62 \times 11 + 7 = 689$

3 6개, 20센티미터

(해설)

2m$=$200센티미터이므로 200을 30으로 나눠요.
$200 \div 30 = 6 \cdots 20$이에요. 몫이 6이고, 나머지가 20이므로 6개의 상자를 포장하고 20센티미터가 남아요.

08 사칙계산   본문 49쪽

1 5

(해결 과정)

$12 - \{5 + 2 \times (-1)^2\}$

$$12 - \{5 + 2 \times (-1)^2\}$$
$$= 12 - (5 + 2 \times 1)$$
$$= 12 - (5 + 2)$$
$$= 12 - 7$$
$$= 5$$

2 계산을 옳게 한 학생은 우진이에요. 그 이유는 하윤이는 곱셈을 먼저 계산하지 않고, 덧셈을 먼저 계산했기 때문이에요.

② 비례식의 세계

01 비와 비율   본문 57쪽

1 (1) 빨간 공과 파란 공의 비$=4:2(=2:1)$

빨간 공과 파란 공의 비율$= \dfrac{4}{2} = 2$

(2) 빨간 공과 파란 공의 비$=3:3(=1:1)$

빨간 공과 파란 공의 비율$= \dfrac{3}{3} = 1$

2 $1:5$, $\dfrac{1}{5}(=0.2)$

02 비교하는 양과 기준량   본문 61쪽

1

비	비교하는 양	기준량	비율
$12:14$	12	14	$\dfrac{12}{14}\left(=\dfrac{6}{7}\right)$
3의 7에 대한 비	3	7	$\dfrac{3}{7}$

2 (1) 마을버스의 걸린 시간에 대한 달린 거리의

비율은 $\dfrac{달린\ 거리}{달린\ 시간} = \dfrac{150}{2} = 75$

시내버스의 걸린 시간에 대한 달린 거리의

비율은 $\dfrac{달린\ 거리}{달린\ 시간} = \dfrac{240}{3} = 80$

(2) 속력

(3) 마을버스와 시내버스는 1시간에 각각 75킬로미터, 80킬로미터를 갈 수 있으므로 시내버스가 마을버스보다 더 빨라요.

03 전항과 후항 본문 65쪽

1 (1)

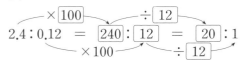

$$2.4 : 0.12 = 240 : 12 = 20 : 1$$

(2)

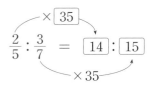

$$\frac{2}{5} : \frac{3}{7} = 14 : 15$$

2 수도 A는 1분에 40리터씩, 수도 B는 2분에 30리터씩 나오므로 수도 B는 1분에 (15)리터씩 나오는 것과 같아요. 수도 A와 B를 동시에 틀면 1분 동안 통에 물을 (55)리터씩 받을 수 있어요. 전체 (5500)리터를 받기 위해서는 (1 : 55)의 전항과 후항에 (100)을 곱하면 (100 : 5500)이므로 (100)분이 걸려요.

04 비례식 본문 69쪽

1 세 번째 식

2

해결 과정

(1) $25 : 1 = 30 : (\quad)$

(2) $\dfrac{25}{1} = \dfrac{30}{(\quad)}$

$\quad(\quad) = \dfrac{30}{25} = \dfrac{6}{5} = 1.2$

(3) 비례식으로 $25 : 1 = 1 : (\quad)$,

$\quad(\quad) = \dfrac{1}{25} = 0.04$(미터)

(4) 1인치 TV의 적정 거리가 (0.04)미터이므로 30인치 TV의 적정 거리는 $(0.04 \times 30 = 1.2)$미터이다.

05 내항과 외항 본문 73쪽

1 첫 번째 비례식

해설

$1 : \bigcirc = 5 : 4$에서 $\bigcirc = \dfrac{4}{5}$

$3 : 5 = \bigcirc : 10$에서 $\bigcirc = 6$

$\bigcirc : 5 = 6 : 15$에서 $\bigcirc = 2$,

$\bigcirc = \dfrac{4}{5}$가 가장 작으므로 비례식 $1 : \bigcirc = 5 : 4$

2 $3 : 10 = 1 : (\dfrac{10}{3})$, $2 : 6 = 1 : (3)$,

$(\dfrac{10}{3}) + (3) = (\dfrac{19}{3})$리터

$1 : \dfrac{19}{3} = (30) : 190$, 답은 (30)분

해설

비례식에서 내항의 곱은 외항의 곱과 같아요.

$3 : 10 = 1 : (\quad)$, $10 \times 1 = 3 \times (\quad)$,

따라서 $(\quad) = \dfrac{10}{3}$

같은 방법으로 $2 : 6 = 1 : (3)$

두 호스를 동시에 틀어서 1분 동안 나오는 물의 양은

$(\dfrac{10}{3}) + (3) = (\dfrac{19}{3})$리터예요.

190리터 통을 가득 채우는 데 필요한 시간에 대한 비례식은 다음과 같아요.

$1 : \dfrac{19}{3} = (\quad) : 190$,

이 비례식을 풀면 $\dfrac{19}{3} \times (\quad) = 1 \times 190$,

따라서 $(\quad) = 30$

정답은 30분이에요.

06 비례배분 본문 77쪽

1 ① (16, 20)   ② (21, 28)

해설

① $36 \times \dfrac{4}{4+5} = 16$, $36 \times \dfrac{5}{4+5} = 20$

② $49 \times \dfrac{3}{3+4} = 21$, $49 \times \dfrac{4}{3+4} = 28$

2 A 꽃병에 7송이, B 꽃병에 35송이

해설

42를 1 : 5로 비례 배분해요.

$42 \times \dfrac{1}{1+5} = 7$, $42 \times \dfrac{5}{1+5} = 35$

07 백분율 본문 81쪽

1 (1) 박시연의 득표율은

$\dfrac{5}{(20)} \times 100 = (25)\%$

(2) 득표율이 가장 높은 학생은 (김희우)이고,

$\left(\dfrac{8}{20} \times 100 = 40 \right)\%$예요.

(3) 무효표는 $\dfrac{1}{(20)}$이므로 백분율로 나타내면

$(5)\%$예요.

2

해설 과정

첫 번째 유리컵의 소금물의 진하기는

$\dfrac{(60)}{(500)} \times 100 = (12)\%$

두 번째 유리컵의 소금물의 진하기는

$\dfrac{(80)}{(800)} \times 100 = (10)\%$

따라서 (첫)번째 유리컵의 소금물의 진하기가 더 진해요.

08 황금비 본문 85쪽

1 ③

2 그럼 이러한 식을 만들 수 있어요 $\left(1 + \dfrac{1}{x} = x\right)$

이 식에서 x를 구하기 위한 식은 황금비를 구할 때 비례식을 푼 것과 같아요.

황금비를 구할 때의 비례식은

$1 : x = x : (1+x)$예요.

비례식에서 내항의 곱=(외항의 곱)이므로

$(x \times x = 1 + x)$예요.

09 연비 본문 89쪽

1 (1)

A	:	B	:	C
(1)	:	(3)	:	
		(9)	:	(2)
(3)	:	(9)	:	(2)

➡

(2)

A	:	B	:	C
(3)	:	(2)	:	
		(3)	:	(4)
(9)	:	(6)	:	(8)

➡ (9) : (6) : (8)

2 첫째, 둘째, 셋째가 각각 24개, 18개, 6개씩 나누어 가지면 돼요.

해설

첫째$= 48 \times \dfrac{(4)}{(4+3+1)} = 24$

둘째$= 48 \times \dfrac{(3)}{(4+3+1)} = 18$

셋째$= 48 - (24 + 18) = 6$

③ 부등식의 세계

01 수의 범위 　본문 97쪽

1 (1)
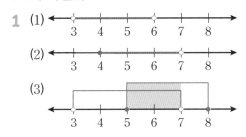

2 4명

해설

석빈, 보호자와 함께 있는 석빈이 동생, 석빈이 엄마, 석빈이 아빠

02 초과와 미만 　본문 101쪽

1 (1) 3명
(2) 초과
(3) 정후, 서윤
(4) 미만

해설

85점보다 높은 학생은 88점인 지호, 92점인 찬혁, 96점인 성호 3명이에요.

2 (1) 13
(2) 11
(3) 19

해설

(1) $N(1, 5)$는 1 초과 5 미만인 자연수이므로 2, 3, 4 총 3개
$N(9, 20)$은 9 초과 20 미만인 자연수이므로 공식으로 $20-9-1=10$개
$N(1, 5)+N(9, 20)=3+10=13$

(2) $N(3, \triangle)=7$인 $\triangle-3-1=7$, $\triangle=11$
(3) $S(1, 11)-S(1, 9)$
　　$=(2+3+\cdots+10)-(2+3+\cdots+8)$
　　$=19$

03 이상과 이하 　본문 105쪽

1 6개

해설

41보다 크거나 같고, 57보다 작은 수는 다음과 같아요.

32　40　㊺　㊻　38　㊹　㊳　57　㊶　㊷

2 정후와 병준

해설

각 학생의 등급을 등급표에 맞춰서 구하면 다음과 같아요.

	경미	은지	정후	병준	채림
횟수	30	3	24	25	15
등급	A	D	B	B	C

04 올림, 버림, 반올림 　본문 109쪽

1 (1)

4670　　　　　　　　　4678　4680

(2) 4678은 4670과 4680중에서 (4680)에 더 가까워요.
(3) 4680개

2

수	십의 자리	백의 자리	천의 자리
23789	23789 → 23790	23789 → 23800	23789 → 24000

3

학생 이름	측정 몸무게(kg)	기록 몸무게(kg)
주원	47.89	47.9
도현	59.74	59.7
황조	64.55	64.6
도영	53.36	53.4
세현	55.89	55.9

05 비교 본문 113쪽

1 (1) 짧다
(2) 높다
(3) 적다

2 3456을 십의 자리에서 반올림한 수가 더 커요.

해설

3456을 십의 자리에서 반올림한 수는 (3500)
3456은 백의 자리에서 버림한 수는 (3000)이므로
(3500)이 더 큰 수예요.

3 ④

해설

① 0은 음수보다 커요.
② 45를 일의 자리에서 올림하면 50이고, 반올림해도 50이에요. 크거나 같아요.
③ 5 cm는 3 cm보다 길어요.
⑤ 5는 −4보다 수직선 위에서 오른쪽에 있어서 더 큰 수예요.

06 대소관계 본문 117쪽

1 ②

해설

$\sqrt{4} < \sqrt{5} < \sqrt{9}$이므로 $2 < \sqrt{5} < 3$
따라서 $3 < 1 + \sqrt{5} < 4$

2

해결 과정

2와 $\sqrt{5} - 1$의 차를 구하면
$2 - (\sqrt{5} - 1) = 2 - \sqrt{5} + 1 = (3) - \sqrt{5}$
이 수는 0보다 (큰) 수예요. 따라서 2는 $\sqrt{5} - 1$보다 (커요).

07 부등호 본문 121쪽

1 (1) $5 \leq x$
(2) $-3 \leq x < 9$

2 0, 1, 2, 3, 4, 5

3 (1) $-3 < 0$
(2) $\dfrac{5}{2} > \dfrac{7}{3}$
(3) $1.5 > -1.7$

08 부등식 본문 126쪽

1 장미를 x송이 살 때 집 앞 꽃집에서는
$(1500 \times x)$원이고, 화훼단지에서는
$(1300 \times x + 3000)$원이에요.
화훼단지가 더 유리하므로 부등식으로 나타내면
$(1500 \times x > 1300 \times x + 3000)$

2 ㄱ

해설

ㄴ. 양변을 양수로 나누어도 부등호의 방향은 바뀌지 않아요.
음수로 나눌 경우에는 부등호의 방향이 바뀌어요.
ㄷ. $a < b$이면 $\dfrac{1}{a} > \dfrac{1}{b}$는 a, b가 모두 양수이거나 모두 음수일 때에만 성립해요.

④ 다항식의 세계

01 문자와 식　본문 136쪽

1 (1) 철: $5 \times a = 5a$(개), 아연: $2 \times a = 2a$(개)

(2) 철: $3 \times b = 3b$(개), 아연: b(개)

(3) $5a + 3b$(개)

(4) $2a + b$(개)

2 1벌의 원가: $(18,000)$원

50벌의 원가: $(50 \times 18,000 = 900,000)$원

1벌의 판매가: (x)원

40벌의 판매가: $(40x)$원

이익$=$(40벌의 판매가)$-$(50벌의 원가)

$\quad = (40x - 900,000)$원

02 항, 상수항, 계수, 차수　본문 142쪽

1 (1) $\dfrac{x+1}{2}$은 항이 (2)개 이고,

상수항은 $\left(\dfrac{1}{2}\right)$이다.

(2) $3x^3 - 2x^2 + 4x - 1$은 항이 (4)개이고,

이차항의 계수는 (-2)이다.

(3) $3xy$는 차수가 (2)이고, 이 다항식의 이름은

(이차식)이다.

2 현서가 틀렸어요. a가 상수라는 조건은 없어요.

$3ax$는 문자가 2번 곱해졌으므로 차수가 이차이

고, 이차식이에요.

03 동류항　본문 147쪽

1 2개

（해설）

문자가 x이고 차수가 이차인 동류항은

$0.5x^2$, $\dfrac{3}{2}x^2$

2 (1) $3(x+y) + 2(x-1) = 3x + 3y + 2x - 2$

$\qquad\qquad\qquad\qquad\quad = 5x + 3y - 2$

(2) $(2a-1) + 4(1-a) = 2a - 1 + 4 - 4a$

$\qquad\qquad\qquad\qquad = 3 - 2a$

(3) $\dfrac{1}{2}(6x-8) - \dfrac{1}{3}(6x-9)$

$\quad = 3x - 4 - 2x + 3 = x - 1$

04 단항식　본문 151쪽

1 4개

（해설）

단항식은 xy, $\dfrac{1}{3}x^2y$, $-5x^2y^3$, $\dfrac{3x}{2} \div 4$

2 (1) 24

(2) $32a^3$

（해설）

$3x \div \dfrac{x}{2} \div \left(-\dfrac{1}{2}\right)^2 = 3x \times \dfrac{2}{x} \times 4 = 24$

$2a^2b \times (-2a)^2 \div \dfrac{ab}{4} = 2a^2b \times 4a^2 \times \dfrac{4}{ab} = 32a^3$

3 $a=1$, $b=3$, $c=\dfrac{1}{2}$

（해결 과정）

$5xy \times \dfrac{x^2}{10} \times y^a = cx^by^2$

$\dfrac{x^3y^{1+a}}{2} = cx^by^2$

05 다항식 본문 156쪽

1 2개

해설

다항식은 $3xy$, $2a^2+3b$

2 (1) $5x+y$ (2) $\dfrac{a+7}{6}$

해결 과정

(1) $3(x-y)+2(x+2y)$
$=3\times x-3\times y+2\times x+2\times 2y$
$=3x-3y+2x+4y$
$=5x+y$

(2) $\dfrac{1+a}{2}+\dfrac{2-a}{3}$
$=\dfrac{3\times(1+a)}{6}+\dfrac{2\times(2-a)}{6}$
$=\dfrac{3+3\times a+4-2\times a}{6}$
$=\dfrac{a+7}{6}$

06 일차식 본문 160쪽

1 ②, ⑤

2 (1) $(x-1)+(2x+1)=3x$
(2) $3x-(4x+1)=-x-1$
(3) $3x+(4x+1)=7x+1$

07 대입과 식의 값 본문 165쪽

1 ①

해설

① $3x-1=3\times\dfrac{1}{3}-1=0$

② $\dfrac{1}{6}\div x=\dfrac{1}{6}\div\dfrac{1}{3}=\dfrac{1}{6}\times 3=\dfrac{1}{2}$

③ $\dfrac{2}{x}+1=2\div x+1=2\div\dfrac{1}{3}+1=2\times 3+1=7$

④ $5-6x=5-6\times x=5-6\times\dfrac{1}{3}=5-2=3$

⑤ $-\dfrac{1}{3}+6x=-\dfrac{1}{3}+6\times x=-\dfrac{1}{3}+6\times\dfrac{1}{3}$
$=-\dfrac{1}{3}+2=\dfrac{5}{3}$

2 $-\dfrac{19}{3}$

해결 과정

$\dfrac{1}{2}$의 역수는 (2)이므로 $a=(2)$

-3의 역수는 $\left(-\dfrac{1}{3}\right)$이므로 $b=\left(-\dfrac{1}{3}\right)$

식을 간단히 하면

$\dfrac{4b-6a^2}{2a}=\dfrac{4b}{2a}-\dfrac{6a^2}{(2a)}=\dfrac{(2b)}{(a)}-(3a)$

간단히 한 식에 $a=(2)$, $b=\left(-\dfrac{1}{3}\right)$을 대입하면

$\dfrac{2b}{a}-3a=2b\div a-3a$
$=2\times\left(-\dfrac{1}{3}\right)\div 2-3\times 2$
$=-\dfrac{19}{3}$

⑤ 등식의 세계

01 등호와 등식 본문 173쪽

1 3개

> [해설]
>
> $3x+1$(일차식), $\dfrac{1+3x}{x}=1$(등식)
>
> $3<5$(부등식), $2+1=4$(등식 참고로 거짓인 등식),
>
> $\dfrac{1}{a}=\dfrac{1}{b}+\dfrac{1}{c}$(등식)

2 ①, ②

> [해설]
>
> $c\neq0$이라는 조건이 빠져 있다.

02 미지수 본문 177쪽

1 3개

> [해설]
>
> $2x-4$, $2ab-2a-2ab$, $mx+n$(m, n상수)

2 (1) $(24-x)$시간

> [해설]
>
> 하루는 24시간이므로 낮의 시간과 밤의 시간의 합은 24시간이에요.

(2) $10x+(8-x)$

> [해설]
>
> 십의 자리의 수가 x이므로 일의 자리의 수는 $(8-x)$이고, 두 자리의 자연수는 $10x+(8-x)$

(3) 분속 $\dfrac{100}{x}$ m

> [해설]
>
> 속력$=\dfrac{거리}{시간}$이므로 분속 $\dfrac{100}{x}$ m

03 상수와 변수 본문 181쪽

1 (1) 정삼각형 둘레의 길이는 $3x$센티미터

(2) 3, x

(3) 12센티미터

2

> [해결 과정]
>
> (1) 1500원짜리 샤프 x개의 값은 $(1500x)$원
>
> (2) 500원짜리 지우개 y개의 값은 $(500y)$원
>
> (3) 1만원을 내고 받은 거스름돈에 식은
>
> $(10000-1500x-500y)$(원)

04 항등식 본문 185쪽

1 (1) ○

(2) ×

(3) ○

2 (1) $a=-1$, $b=\dfrac{1}{2}$

(2) $a=3$, $b=-2$

05 방정식 본문 190쪽

1 (1) 방

(2) 항

(3) 방

2 2개

> [해설]
>
> x에 대한 일차방정식은 $x(x-2)=x^2$,
>
> $3(x+1)=2x+2$ 2개
>
> $\dfrac{1}{x-1}=0$은 분수방정식, $2x+1=1+x+x$은 항등식, $\sqrt{x^2-1}=1$ 무리방정식

06 해 본문 195쪽

1 ㄱ, ㄷ

2 (1) ㄱ
(2) ㄹ

07 이항 본문 200쪽

1 $3(x-1)=\dfrac{x}{2}-1$

$6\times(x-1)=②\times\dfrac{x}{2}-②$

$6x-6=x-2$

$5x=4$

$\therefore x=\dfrac{4}{5}$

2 $0.2-\dfrac{x+1}{2}=\dfrac{1-x}{5}$

$10\times0.2-10\times\dfrac{(x+1)}{2}=10\times\dfrac{(1-x)}{2}$

$2-5(x+1)=5\times(1-x)$

$2-5x-5=2-2x$

$-5x+2x=2-2+5$

$-3x=5$

$\therefore x=-\dfrac{5}{3}$

쉬어 가기 본문 201쪽

MEMO

MEMO

도움·검수해 주신 분들	〈함께하는 수학학원〉
	서희원 선생님, 정미윤 선생님, 이현이 선생님, 오은진 선생님
	임효진, 임하율

| 본문 디자인·조판 | 이츠북스 |

수학의 문해력 ②
식의 세계

초판 1쇄 2022년 12월 7일

지은이 백은아

펴낸이 김한청
기획편집 원경은 김지연 차언조 양희우 유자영 김병수 장주희
마케팅 최지애 현승원
디자인 이성아 박다애
운영 최원준 설채린

펴낸곳 도서출판 다른
출판등록 2004년 9월 2일 제2013-000194호
주소 서울시 마포구 양화로 64 서교제일빌딩 902호
전화 02-3143-6478 **팩스** 02-3143-6479 **이메일** khc15968@hanmail.net
블로그 blog.naver.com/darun_pub **인스타그램** @darunpublishers

ISBN 979-11-5633-498-9 (64410)
        979-11-5633-509-2 (세트)

* 잘못 만들어진 책은 구입하신 곳에서 바꿔 드립니다.
* 이 책은 저작권법에 의해 보호를 받는 저작물이므로,
   서면을 통한 출판권자의 허락 없이 내용의 전부 또는 일부를 사용할 수 없습니다.